氢能与燃料电池产业应用人才培养丛书

制氢技术与工艺

山东氢谷新能源技术研究院
佛山环境与能源研究院　组编

赵吉诗　主编

机 械 工 业 出 版 社

氢是一种无碳能源、清洁能源，被誉为"21世纪的终极能源"。氢具有导热性好、燃烧性能好、储量丰富、多形态存在、利用率高、便于回收利用、安全等特点，在未来必将成为重要的代替能源。制氢作为氢能产业链的第一环，有着非常重要的作用。没有氢气就不会有氢能产业，学习了解氢能就必须了解氢气和其制取技术和工艺。

本书对氢气的性质、特点、应用、制取等进行了详细介绍，共分11章，分别为绪论、煤制氢、天然气制氢、石油制氢、电解水制氢、醇类重整制氢、氨分解制氢、生物质能制氢、副产氢气的回收与提纯、液氢、其他制氢技术。本书能帮助读者系统地学习氢气制取的技术和工艺，为以后从事相关行业打下坚实的基础。

图书在版编目（CIP）数据

制氢技术与工艺/山东氢谷新能源技术研究院，佛山环境与能源研究院组编；赵吉诗主编. —北京：机械工业出版社，2023.12
（氢能与燃料电池产业应用人才培养丛书）
ISBN 978-7-111-74214-2

Ⅰ.①制… Ⅱ.①山… ②佛… ③赵… Ⅲ.①制氢 Ⅳ.①TE624.4

中国国家版本馆 CIP 数据核字（2023）第 214768 号

机械工业出版社（北京市百万庄大街22号　邮政编码100037）
策划编辑：舒　恬　　　　　责任编辑：舒　恬　刘　煊
责任校对：王荣庆　梁　静　　封面设计：王　旭
责任印制：刘　媛
涿州市般润文化传播有限公司印刷
2024 年 2 月第 1 版第 1 次印刷
184mm×260mm・11.75 印张・278 千字
标准书号：ISBN 978-7-111-74214-2
定价：79.80 元

电话服务　　　　　　　　网络服务
客服电话：010-88361066　　机　工　官　网：www.cmpbook.com
　　　　　010-88379833　　机　工　官　博：weibo.com/cmp1952
　　　　　010-68326294　　金　书　　网：www.golden-book.com
封底无防伪标均为盗版　　机工教育服务网：www.cmpedu.com

编写委员会

指导委员会（排名不分先后）：

衣宝廉　中国工程院院士

陈清泉　中国工程院院士

彭苏萍　中国工程院院士

丁文江　中国工程院院士

刘　科　澳大利亚技术科学与工程院外籍院士，南方科技大学创新创
　　　　业学院院长

张永伟　中国电动汽车百人会副理事长兼秘书长，首席专家

余卓平　同济大学教授，国家燃料电池汽车及动力系统工程技术研究
　　　　中心主任

编写委员会（排名不分先后）：

主　　任： 张　真

副主任： 贡　俊　邹建新　赵吉诗　缪文泉　戴海峰　潘相敏
　　　　　苗乃乾

委　　员： 刘　强　潘　晨　韩立勇　张焰峰　王晓华　宋　柯
　　　　　孟德建　马天才　侯中军　陈凤祥　张学锋　宁可望
　　　　　章俊良　魏　蔚　裴冯来　石　霖　程　伟　高　蕾
　　　　　袁润洲　李　昕　杨秦泰　杨天新　时　宇　胡明杰
　　　　　吕　洪　林　羲　陈　娟　胡志刚　张秋雨　张龙海
　　　　　袁　浩　代晓东　李洪言　杨光辉　何　蔓　林明桢
　　　　　范文彬　王子缘　龚　娟　张仲军　金子儿　陈海林
　　　　　梁　阳　胡　瑛　钟　怡　阮伟民　陈华强　李冬梅
　　　　　李志军　黎　妍　云祉婷　张家斌　崔久平　王振波
　　　　　赵　磊　张云龙　宣　锋

丛 书 序

当今世界正经历百年未有之大变局，新一轮科技革命和产业变革同我国经济高质量发展要求形成历史性交汇。以燃料电池为代表的氢能开发利用技术取得重大突破，为实现零排放的能源利用提供了重要解决方案，因此，我们需要牢牢把握全球能源变革发展大势和机遇，加快培育发展氢能产业，加速推进我国能源清洁低碳转型。

国际上，全球主要发达国家高度重视氢能产业发展，氢能已成为加快能源转型升级、培育经济新增长点的重要战略选择。全球氢能全产业链关键核心技术趋于成熟，燃料电池出货量快速增长、成本持续下降，氢能基础设施建设明显提速，区域性氢能供应网络正在形成。

"双碳"目标的提出，为我国经济社会实现低碳转型指明了方向，也对能源、工业、交通、建筑等高排放领域提出了更高的标准、更严格的要求。氢是未来新型能源体系的关键储能介质，是推动钢铁等工业领域脱碳的重要原料，是重型货车、船舶、航空等交通领域低碳转型最具潜力的路径，也是零碳建筑、零碳社区建设的必要组成。可以说，氢能的发展关系着碳达峰、碳中和目标的实现，也是推动我国经济持续高质量发展的战略性新兴产业、朝阳产业。

过去三年，我国氢能产业在政策的指引及支持下快速发展。氢从看不见的气体，渐渐融入看得见的生活：氢燃料客车往来穿梭在北京冬奥会、冬残奥会的场馆与赛区之间，一座座加氢站在陆地乃至海上建成，以氢为燃料的渣土车、运输车、环卫车在各地投入使用，氢能乘用车、氢能自行车投入量产，氢动力船舶开始建造，氢能飞行器开启了人们对氢能飞机的想象。2022 年 3 月，国家发展改革委、国家能源局联合发布《氢能产业发展中长期规划（2021—2035 年）》，提出到 2025 年，基本掌握核心技术和制造工艺，燃料电池车辆保有量约 5 万辆，部署建设一批加氢站；到 2030 年，形成较为完备的氢能产业技术创新体系、清洁能源制氢及供应体系；到 2035 年，形成氢能产业体系、构建氢能多元应用生态，可再生能源制氢在终端能源消费中的比重明显提升。未来，氢能产业在以国内大循环为主体、国内国际双循环相互促进的新发展格局下，将迎来更广阔的发展空间。

科技是第一生产力，人才是第一资源，氢能产业的高质量发展离不开人才体系的培养。2021 年 7 月，教育部发布《高等学校碳中和科技创新行动计划》，次年 4 月发布《加强碳达峰碳中和高等教育人才培养体系建设工作方案》，均提到了对氢制储输用全产业链的技术攻关和人才培养要求，"氢能科学与工程"成为新批准设立的本科专业。《氢能产业发展中长期规划（2021—2035 年）》也提出，要系统构建氢能产业创新体系：聚焦重点领域和关键环节，着力打造产业创新支撑平台，持续提升核心技术能力，推动专业人才队伍建设。2022

年 10 月，中共中央办公厅、国务院办公厅印发《关于加强新时代高技能人才队伍建设的意见》，提出构建以行业企业为主体、职业学校为基础、政府推动与社会支持相结合的高技能人才培养体系，加大急需紧缺高技能人才培养力度。

氢能产业的快速发展给人才培养带来挑战，氢能产业急需拥有扎实的理论基础、完整的知识体系，并面向应用实践的复合型人才。此次出版的"氢能与燃料电池产业应用人才培养丛书"由中国电动汽车百人会氢能中心邀请来自学术界、产业界和企业界的专家学者们共同编写完成，是一套面向氢能产业应用人才培养的教育丛书，它填补了行业的空白，为行业的人才建设工作做出了重要的贡献。

氢不仅是关乎国际能源格局、国家发展动向的产业，也是每一个从业者的终身事业。事业的成功要依靠个人不懈的努力，更要把握时代赋予的机遇，迎接产业蓬勃发展的浪潮。愿读者朋友能以此套丛书作为步入氢能产业的起点，保持初心，勇往直前，不负产业发展的伟大机遇与使命！

陈清泉

中国工程院院士
英国皇家工程院院士
世界电动汽车协会创始暨轮值主席
2022 年 10 月

　　氢能作为来源多样、应用高效、清洁环保的二次能源，广泛应用于交通、储能、工业和发电领域。氢能的开发利用已成为世界新一轮能源技术变革的重要方向，也是全球实现净零排放的重要路径。伴随我国"双碳"战略目标的提出，氢能因具有保障能源安全、助力深度脱碳等特点，成为我国能源结构低碳转型、构建绿色产业体系的重要支撑，产业发展方向确定且坚定。

　　当前，氢能产业发展迅猛，已经从基础研发发展到批量化生产制造、全面产业化阶段。面对即将到来的氢能规模化应用和商业化进程，具有扎实的理论基础和工程化实践能力的复合型人才将成为推动氢能产业发展的关键力量。氢能人才培养是一个系统化工程，需要有好的人才政策、产业发展背景作为支撑，更需要有产业推动平台、科研院所以及众多企业的创新集聚，共同打造产学研协作融合的良好生态。

　　2021 年 7 月，教育部印发《高等学校碳中和科技创新行动计划》，明确推进碳中和未来技术学院和示范性能源学院建设，鼓励高校开设碳中和通识课程。2022 年 10 月，中共中央办公厅、国务院办公厅印发了《关于加强新时代高技能人才队伍建设的意见》，明确提出："技能人才是支撑中国制造、中国创造的重要力量。加强高级工以上的高技能人才队伍建设，对巩固和发展工人阶级先进性，增强国家核心竞争力和科技创新能力，缓解就业结构性矛盾，推动高质量发展具有重要意义。"为贯彻落实党中央、国务院决策部署，加强新时代高技能人才队伍建设，同时结合目前氢能产业发展对人才的要求，中国电动汽车百人会氢能中心联合上海燃料电池汽车商业化促进中心、佛山环境与能源研究院、上海氢能利用工程技术研究中心、上海智能新能源汽车科创平台、山东氢谷新能源技术研究院等单位共同编制了"氢能与燃料电池产业应用人才培养丛书"。

　　本系列丛书包括《氢能与燃料电池产业概论》《制氢技术与工艺》《氢气储存和运输》《加氢站技术规范与安全管理》《氢燃料电池汽车及关键部件》《氢燃料电池汽车安全设计》《氢燃料电池汽车检测与维修技术》，丛书内容覆盖了氢能与燃料电池全产业链完整的知识体系，同时力图与工程化实践做好衔接，立足应用导向，重点推进氢能技术研发的实践设计和活动教学，增进教育链、人才链与产业链的深度融合，可以让学生或在职人员通过学习培训，全面了解氢能与燃料电池产业的发展趋势、技术原理、工程化进程及应用解决方案，具备在氢气制取、储运、加氢站运营、氢燃料电池汽车检测与维修等领域工作所需的基础知识与实操技能。

　　本书是全套系列丛书的第二部，着重介绍制氢技术与工艺。全书共分为 11 章，结合氢的性质、特点及应用，对煤制氢、天然气制氢、石油制氢、电解水制氢、醇类重整制氢、氨分解制氢、生物质能制氢、副产氢气的回收与提纯、液氢、其他制氢技术进行了详细介绍。制氢技术的成熟与降本是氢能产业实现规模化应用的前提，当前全球氢能源结构仍以化石能源制氢为主，产生的碳排放量较高。未来，氢能能否实现全生命周期碳排放的大幅减少，继而带动交通、工业、发电等领域实现深度脱碳，制氢环节的低碳化尤为关键。希望本书能够帮助读者们充分了解主要制氢路线的技术特点、工艺及发展前景，加强对氢能产业的知识学习与认知提升。

丛书编写委员会虽力求覆盖完整产业链的相关要点，但新技术发展迅速，编写过程中仍有许多不足，欢迎广大读者提出宝贵的意见和建议，以不断校正与完善图书内容，培养出产业亟需的高技能人才。在此特别感谢各有关合作单位的鼎力支持及辛勤付出。

希冀本套丛书能够为氢能产业专业人才提供帮助，为氢能产业人才培养提供支撑，为氢能产业可持续发展贡献微薄之力。

张　真
"氢能与燃料电池产业应用人才培养丛书"编写委员会主任
中国电动汽车百人会氢能中心主任　山东氢谷新能源技术研究院院长

目录

CONTENTS

第1章 绪论

氢气（H_2）最早于 16 世纪初被人工制备。1766—1781 年，亨利·卡文迪许发现氢元素，氢气燃烧生成水，拉瓦锡根据这一性质将该元素命名为 "hydrogenium"，意为 "生成水的物质"。自从氢气被发现，科学家们就针对氢气开展了不间断的研究，推动其在石油炼化、甲醇-合成氨等多个工业领域得到广泛应用，成为重要的工业原料气体之一。氢气的热值为 $1.4 \times 10^8 J/kg$，每千克氢燃烧后放出的热量，约为汽油的 3 倍，而且燃烧产物是水，完全无污染，是最清洁的能源。在全球应对气候变化的背景下，随着双碳目标确立和燃料电池等技术发展成熟，氢的能源属性正受到前所未有的关注，氢能成为当前全球能源产业发展热点。

1.1 氢的物化特性

氢位于元素周期表中诸元素的第一位，原子序数为 1，原子量为 1.008。氢通常的单质形态是氢气，分子量为 2.016。常温常压下，氢是一种极易燃烧的气体，无色无味。标准状况下氢气的密度只有空气的 1/14，为 0.089g/L（最轻的气体），极难溶于水，也很难液化，在 -252.77℃时变成无色液体，在 -259.2℃时变为雪花状固体。自然界中氢主要以化合状态存在于水和碳氢（烃类）化合物中，氢在地壳中质量分数为 0.01%。氢气具有高挥发性、高能量，是能源载体和燃料。由于 H-H 键键能大，在常温下氢气比较稳定。除氢与氯可在光照条件下化合，及氢与氟在冷暗处化合之外，其余反应均在较高温度下才能进行。

纯净的氢能在空气里安静地燃烧，产生几乎无色的火焰，并有水滴生成。如果氢气中混有空气（或氧气），由于氢与氧的混合分子彼此均匀扩散，若遇到火种，在极短的时间内迅速完成化合反应，同时放出大量的热，气体（生成的水蒸气）体积在一个受限制的空间内急剧膨胀而发生爆炸。在常温常压情况下，氢气在空气中的爆炸范围为 4.1%~74.2%（体积分数），在氧气中为 4.65%~93.9%（体积分数）。为了保障安全，通常向氢气中加入有臭味的乙硫醇，以便在发生泄漏时易于使人嗅到，燃烧时也有颜色便于察觉。

1

氢气是易燃易压缩气体，应储存于阴凉、通风的仓库内（图1-1），仓库内温度不宜超过30℃。氢气储存应远离火种、热源，防止阳光直射，应与氧气、压缩空气、卤素（氟、氯、溴）、氧化剂等分开存放，切忌混储混运。仓库内的照明、通风等设施应采用防爆型，开关设在仓库外，配备相应品种和数量的消防器材，禁止使用易产生火花的机械设备工具。验收时要注意品名，注意验瓶日期，先进仓的先使用。搬运时轻装轻卸，防止钢瓶及附件破损。氢气充装站（图1-2）也必须按相关法规建设。

图1-1　氢气瓶储存

图1-2　氢气充装站

1.2　工业氢标准

根据GB/T 3634.1—2006《氢气第1部分：工业氢》，工业氢的技术指标应符合表1-1的要求。

表1-1　工业氢技术指标

项目名称		指标		
		优等品	一等品	合格品
氢气（H_2）的体积分数/$1×10^{-2}$	≥	99.95	99.50	99.00
氧（O_2）的体积分数/$1×10^{-2}$	≤	0.01	0.20	0.40
氮加氩（N_2+Ar）的体积分数/$1×10^{-2}$	≤	0.04	0.30	0.60
露点/℃	≤	−43	—	—
游离水/（mL/40L瓶）	—		无游离水	≤100

注：管道输送以及其他包装形式的合格工业氢的水分指标由供需双方商定。

食盐电解法生产的工业氢应测定氯、碱组分，测定时样品气不应与指示剂发生反应。

1.3　纯氢、高纯氢和超纯氢

根据GB/T 3634.2—2011《氢气第2部分：纯氢、高纯氢和超纯氢》。纯氢、高纯氢和超纯氢的技术要求应符合表1-2的规定。

表 1-2 纯氢、高纯氢和超纯氢的技术要求

项目名称		指标		
		纯氢	高纯氢	超纯氢
氢气（H_2）纯度（体积分数）/1×10^{-2}	≥	99.99	99.999	99.9999
氧（O_2）含量（体积分数）/1×10^{-5}	≤	5	1	0.2
氩（Ar）含量（体积分数）/1×10^{-6}	≤	供需商定	供需商定	
氮（N_2）含量（体积分数）/1×10^{-6}	≤	60	5	0.4
一氧化碳（CO）含量（体积分数）/1×10^{-6}	≤	5	1	0.1
二氧化碳（CO_2）含量（体积分数）/1×10^{-6}	≤	5	1	0.1
甲烷（CH_4）含量（体积分数）/1×10^{-6}	≤	10	1	0.2
水分（H_2O）含量（体积分数）/1×10^{-6}	≤	10	3	0.5
杂质总含量（体积分数）/1×10^{-6}	≤	—	10	1

除超纯氢外，由供需双方商定氩含量是否列入纯度计算。

1.4 低碳氢、清洁氢与可再生氢

行业内，通常根据制氢过程的碳排放量将氢气分为低碳氢、清洁氢、可再生氢三种类型，其中，采用风能、太阳能、水能、生物质能、地热能、海洋能等非化石能源制得的氢被称为可再生氢。

2020 年 12 月，由中国氢能联盟提出的《低碳氢、清洁氢及可再生氢标准与评价》明确指出了在单位氢气碳排放量方面低碳氢、清洁氢和可再生氢的具体阈值，见表 1-3。

表 1-3 低碳氢、清洁氢与可再生氢的要求

项目名称		指标		
		低碳氢	清洁氢	可再生氢
单位氢气碳排放量（$kgCO_2e/kgH_2$）	≤	14.51	4.9	4.9
氢气生产所消耗的能源为可再生能源		否	否	是

1.5 制氢方法

氢气化学性质活泼，在自然界中没有单质形态存在。制氢方法根据不同分类原则，主要可分为热化学法、工业含氢副产气提纯及电解水等（图 1-3）。按照制氢消耗的一次能源划分，氢气来源包括化石燃料制氢、可再生能源制氢及其他清洁能源制氢等。化石燃料制氢包括煤制氢、轻烃（天然气等）蒸气转化制氢、石脑油或渣油转化制氢、甲醇转化制氢等；

可再生能源制氢包括风电制氢、水电制氢、太阳能制氢等；其他清洁能源制氢包括核能制氢、生物质制氢等。

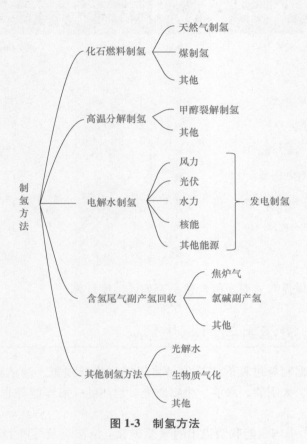

图 1-3　制氢方法

1.6　氢的利用方式

氢气是重要的化工原料气体，广泛应用于石油炼化、甲醇、合成氨及煤制油等行业；氢气也常作为保护气用于电子元器件制造行业。本节主要聚焦氢作为能源的利用方式。

1.6.1　氢燃料电池与燃氢交通工具

1. 氢燃料电池汽车

燃料电池是能源转换装置（图1-4），氢气与氧气在催化剂作用下发生电化学反应，生成电能和水，环保性能突出。同时，燃料电池系统工作温度温和（80℃左右）、噪声低、动力输出稳定。氢燃料电池车的氢气加注过程快速便捷（图1-5），燃料补充时间与燃油车相当，专用的加氢设备仅需3min即可充满氢原料，相对于纯电动车超长的充电等待时间而言，其优势显而易见。

2. 氢内燃机汽车

日本、美国、德国等国家的许多汽车公司为了降低尾气带来的碳排放，开发了氢气内燃

4

机，采用氢气替代汽油作为汽车发动机的燃料，研究证明该技术是可行的，但需要解决廉价氢气的来源问题。氢是一种高效燃料，每千克氢燃烧所产生的能量为 33.6kW·h，几乎等于同质量汽油燃烧的 2.8 倍。氢气燃烧不仅热值高，而且火焰传播速度快，点火能量低（容易点着），所以氢能汽车比汽油汽车总的燃料利用效率高 20%。氢内燃机汽车续驶里程与车载储氢系统的储量成正相关性。

图 1-4 氢燃料电池堆

图 1-5 氢燃料电池车

氢的燃烧主要生成物是水，只有极少的氮氢化物，没有汽油燃烧时产生的一氧化碳、二氧化硫等污染环境的有害成分，能够避免因汽油、柴油为燃料的车辆，排放大量氮氧化物、四乙基铅 $[Pb(C_2H_5)_4]$，而导致的酸雨，酸雾和严重的铅中毒等情况。更重要的是，燃油内燃机排放的废气中还含有 3,4-苯并芘等强致癌物质，危害人类健康。

燃氢发动机的实用化相对容易实现（图 1-6），传统内燃机结构只需稍加改动就可以使用氢气，而且可以充分利用全球现存的车用发动机生产线和配套设施，因此车用内燃机氢能应用解决方案具有一定经济性。此外，氢内燃机对氢燃料纯度的要求也没有燃料电池那么苛刻，并且在内燃机应用方面，传统的汽车厂商已经拥有了大量的经验。但是，从能效看，燃料电池汽车具有更显著的优势。

图 1-6 燃氢发动机

1.6.2 家庭用氢

随着燃料电池、掺氢/纯氢利用技术及装备发展日趋成熟，氢气可能作为能源进入到千家万户。例如，日本已经成功推广 50 多万套家庭用燃料电池热电联供系统，其中部分采用质子交换膜燃料电池技术，利用光伏或者风电制取的氢气作为能源；欧洲正积极推动可再生能源制氢后掺入天然气管道（图 1-7），被送往千家万户，然后分别接通厨房灶具、浴室、氢气冰箱、空调机等，实现"氢能进万家"（图 1-8）。

图 1-7　氢气管道

图 1-8　电动汽车中的储氢瓶

1.7　氢对构建清洁能源体系的作用和意义

我国高度重视节能减排，积极参与全球应对气候变化工作。早在 2005 年，我国就提出了一系列节能减排的政策，在 2020 年 9 月份召开的第 75 届联合国大会一般性辩论上，我国向全世界承诺力争于 2030 年前达到峰值，2030 年单位国内生产总值 CO_2 排放将比 2005 年下降 60%～65%，2060 年前实现碳中和的宏远目标。近两年来，我国连续密集出台了一系列的政策和文件，充分体现了中国政府在推动碳中和事业上的决心和信心。

我国已经成为世界第二大经济体，能源消费和碳排放量都高居世界第一。为了实现全人类可持续发展，我国积极推动能源革命，并提出要构建新型电力系统，逐步提高可再生能源装机容量占比，在交通、建筑和工业等主要耗能领域推动节能减排，着力构建清洁能源体系。氢来源广泛、可再生，作为能源载体能将可再生能源与传统化石能源有效链接起来，同时又能广泛应用于交通、建筑和工业等领域，减量替代传统化石能源，被认为是未来能源体系的重要组成部分。近几年来，世界各主要经济体纷纷将发展氢能纳入能源战略，氢能技术成为能源领域新的竞争高地。

氢的制取方法多种多样，各个地区可结合资源禀赋、产业基础等情况，因地制宜地选择制氢技术路线，规划布局发展氢能产业。本书将分为以下几个章节，分别介绍制氢技术和工艺。

第 2 章至第 4 章详细介绍了当前国内外最重要的氢气来源——化石能源制氢，包括煤炭、天然气和石油制氢。

第 5 章至第 7 章，分别介绍电解水制氢、醇类重整制氢、氨分解制氢，是三种不同的制氢方法而不是具体的某种能源。

第 8 章和第 11 章介绍了其他一些制氢方法，包括日益重要的可再生能源制氢，例如生物质能、核能、太阳能、风能等。

第 9 章介绍副产氢气的回收与提纯；第 10 章介绍液氢。

在努力实现"双碳目标"的大背景下，氢能的飞速发展为时代带来了"新风口"，也为能源革命提供了新的技术支点。世界能源发展呼唤氢能，氢能将在重工业脱碳方面发挥重要作用。

思 考 题

1. 氢的物化特性有哪些？
2. 氢气的类型有哪几种，具体划分指标是什么？
3. 简述制氢有哪些方法？
4. 简述氢对构建清洁能源体系的作用和意义。
5. 通过学习本章你对制氢技术的发展有哪些看法？

参 考 文 献

［1］中华人民共和国国家质量监督检验检疫总局、中国国家标准化管理委员会. 氢气第 1 部分：工业氢：GB/T 3634.1-2006 ［S］. 北京：中国标准出版社，2006.

［2］中华人民共和国国家质量监督检验检疫总局、中国国家标准化管理委员会. 氢气第 2 部分：纯氢、高纯氢和超纯氢：GB/T 3634.2-2011 ［S］. 北京：中国标准出版社，2011.

［3］中国氢能联盟、中国产学研合作促进会. 低碳氢、清洁氢与可再生氢的标准与评价：T CAB 0078-2020 ［S］. 北京：中国产学研合作促进会，2020.

第 2 章 煤制氢

煤炭是地壳储量最丰富的化石能源之一，目前世界上已有 80 多个国家发现了煤炭资源，据英国石油公司（BP）发布的《世界能源统计》报道，截至 2020 年，全世界已探明煤炭总储量约为 10.75 万亿吨标准煤，美国、俄罗斯、澳大利亚、中国、印度排名前五，其份额分别为 23.18%、15.1%、13.99%、13.33% 和 10.34%。

我国缺油少气，能源消费倚重煤炭资源，2020 年我国能源消费总量中，煤炭占比约为 57%。近几年来，我国可再生能源占比稳步提升，但受限于能源资源禀赋，在未来较长时间内，煤炭仍将在我国能源消费总量中占据主导地位。为了降低煤炭利用过程的温室气体 CO_2 和硫化物、NO_x 等有害物质排放，我国积极推动煤炭清洁利用，煤气化（Coal To Gas，CTG）是其中最重要的技术路线之一。因此，煤制氢成为我国工业氢气的主要来源，占比达到 60%。

2.1 煤的组成

煤的化学组成很复杂，包括有机质和无机质。煤的有机质主要成分是碳，其次是氢，还有氧、氮和硫等元素组成，其中碳和氢两种元素是煤炭中利用价值最高的成分，比例也最大。其中，碳含量随着煤化程度加深而不断地增加，氢和氧的含量则趋于减少，氮含量的变化一般是略为减少，但其规律不甚明显。我国煤的碳、氢含量的变化范围如表 2-1 所示。煤中的无机质主要由硅、铝、铁、钙、镁等组成，在煤炭利用过程中，通常以副产化合物形式出现。

表 2-1　我国煤的碳、氢含量的一般变化范围　　　　　　　　　　　　（单位:%）

牌号	弱黏结煤	不黏结煤	褐煤	长焰煤	气煤	肥煤	焦煤	瘦煤	贫煤	无烟煤
C 的质量分数	75~85	68~88	60~77	74~80	79~85	80~89	87~90	88~92	88~92	90~98
H 的质量分数	4.4~5.3	3.5~5.0	4.5~6.4	5.0~5.8	5.0~6.4	5.4~6.4	4.8~5.5	4.4~5.0	4.0~4.6	0.9~4.0

通常来说，煤的分子结构的基本单元是大分子芳香族稠环化合物的六碳环平面网格，在大分子稠环周围，连接许多烃类的侧链结构、氧键和各种官能团。煤的分子结构模型如图 2-1 所示。从图 2-1 中可以看出，平均 3~5 个芳环或氢化芳环单位由较短的脂链和醚键相连，形成大分子的聚集体。小分子镶嵌于聚集体空洞或者空穴中，可以通过溶剂抽提溶解出来。

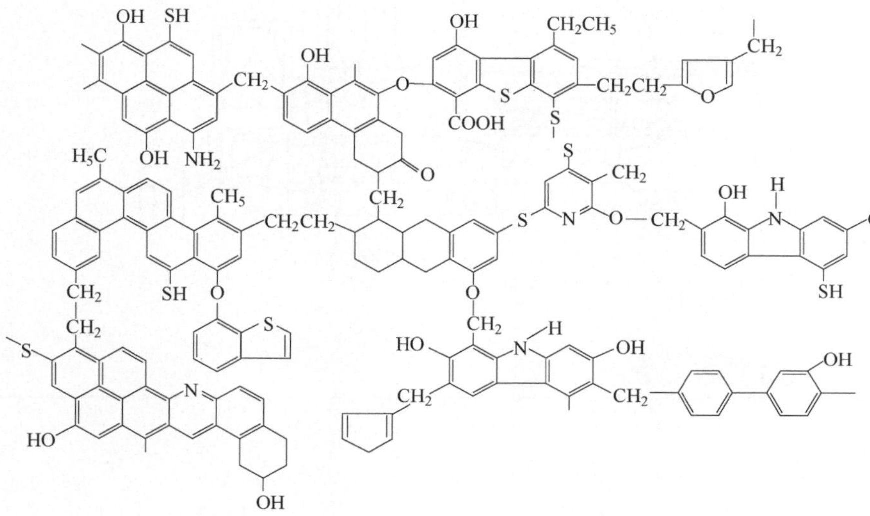

图 2-1　煤的分子结构模型

2.2　煤焦化制氢

GB/T 5751—2009《中国煤炭分类》烟煤的分类中的瘦煤、焦煤、肥煤、1/3 焦煤、气肥煤、气煤都属于炼焦煤。为保证焦炭质量，在选择炼焦用煤时，需要考察预选煤的黏结性与结焦性、挥发分及灰分、硫分和磷的含量。

煤的炼焦过程是指煤在隔绝空气条件下，在焦炉内经过高温干馏（1000℃左右）转化为焦炭、焦炉煤气和化学产品的工艺过程。在焦化过程中，煤经过干燥、预热、软化、膨胀、熔融、固化和收缩炼制成焦炭，并释放出焦炉煤气。焦炉煤气组成中含氢 55%~60%（体积分数，后同）、甲烷 23%~27%、一氧化碳 6%~8% 以及少量其他气体。一般 1t 干煤可制 0.65~0.75t 焦炭，副产 300~420m³ 焦炉煤气，焦炉煤气可经净化后作为城市煤气，也可作为制取氢气的原料，通过变压吸附即可得到纯度很高的氢气。相关内容将在第 9 章中介绍。

$$煤 \xrightarrow[\text{隔绝空气}]{900\sim1000℃} H_2+CH_4+CO+其他气体$$

焦炉及其附属机械如图 2-2 所示。

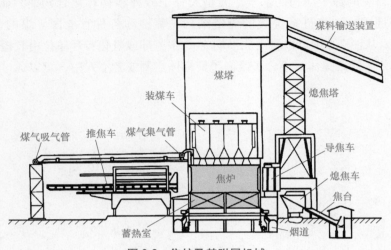

图 2-2　焦炉及其附属机械

2.3　煤气化制氢工艺

2.3.1　煤气化制氢原理

煤气化指在一定温度、压力下，空气、富氧、水蒸气、二氧化碳或氢气为气化介质，对煤（包括煤、半焦或焦炭等）进行热化学加工，使煤经过部分氧化和还原反应，将其所含碳、氢等物质转化成为一氧化碳、氢气、甲烷等可燃组分为主的气体产物的多相反应过程。

煤气化包含一系列物理、化学变化。一般包括干燥、热解、气化和燃烧 4 个阶段。干燥属于物理变化，随着温度的升高，煤中的水分受热蒸发。其他属于化学变化，燃烧也可以认为是气化的一部分。煤在气化炉中干燥以后，随着温度的进一步升高，煤分子发生热分解反应，生成大量挥发性物质（包括干馏煤气、焦油和热解水等），同时煤黏结成半焦。煤热解后形成的半焦在更高的温度下与通入气化炉的气化剂发生化学反应，生成以一氧化碳、氢、甲烷及二氧化碳、氮气、硫化氢、水等为主要成分的气态产物，即粗煤气。气化反应包括很多的化学反应，主要是碳、水、氧、氢、一氧化碳、二氧化碳相互间的反应，其中碳与氧的反应又称燃烧反应，提供气化过程的热量。

煤气化过程中的主要反应如下。

（1）水蒸气转化反应

$$C+H_2O \longrightarrow CO+H_2 \qquad -131kJ/mol \tag{2-1}$$

（2）水煤气变换反应

$$CO+H_2O \longrightarrow CO_2+H_2 \qquad +42kJ/mol \tag{2-2}$$

（3）部分氧化反应

$$C+0.5O_2 \longrightarrow CO \qquad +111kJ/mol \tag{2-3}$$

（4）完全氧化（燃烧）反应

$$C+O_2 \rightarrow CO_2 \qquad +394kJ/mol \qquad (2-4)$$

（5）甲烷化反应

$$CO_2+4H_2 \rightarrow CH_4+2H_2O \qquad +74kJ/mol \qquad (2-5)$$

（6）Boudouard 反应

$$C+CO_2 \rightarrow 2CO \qquad -172kJ/mol \qquad (2-6)$$

2.3.2 煤气化制氢工艺流程

煤气化制氢技术的工艺过程一般包括煤的气化、煤气净化、CO 变换以及 H_2 提纯等主要生产过程。与天然气制氢工艺流程相比，煤气化制氢的主要区别在于合成气的生产工艺、其后的 CO 变换及 H_2 分离装置，类似于天然气制氢。

在煤气化炉中，煤料（包括煤、半焦或焦炭等）和气化剂（氧气、水蒸气等）发生作用生成含有 H_2、CO、CO_2，以及其他含硫气体的粗煤气。粗煤气经过脱硫净化之后，进入 CO 变换器与水蒸气发生反应，产生 H_2 和 CO_2。最后是 H_2 提纯过程，先采用湿法（低温甲醇洗、氨水或者乙醇胺等）或者干法（碱性氧化物、纳米碳吸附、变压吸附等）将 CO_2 脱除，然后采用变压吸附技术将 H_2 纯度提高到 99.9% 以上。传统煤气化制氢工艺流程如图 2-3 所示。

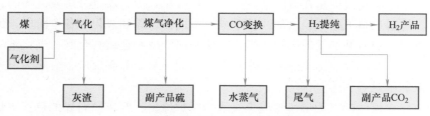

图 2-3 传统煤气化制氢工艺流程

1. 煤气化技术

通常煤气化技术可按以下几种方式进一步分类。

按煤料与气化剂在气化炉内流动过程中的接触方式不同，分为移动床气化、流化床气化、气流床气化及熔融床气化（又称熔浴床气化）等工艺。熔融床气化是将粉煤和气化剂以切线方向高速喷入温度较高且温度稳定的熔池内，把一部分动能传给熔渣，使池内熔融物做螺旋状的旋转运动并气化。由于熔融床气化对设备要求高，气化原理复杂，投资大，在国内并没有得到足够的重视和发展。

按原料煤进入气化炉时的粒度不同，分为块煤（尺寸 13~100mm）气化、碎煤（尺寸 0.5~6mm）气化及煤粉（尺寸<0.1mm）气化等工艺。

按气化过程所用气化剂的种类不同，分为空气气化、空气/水蒸气气化、富氧空气/水蒸气气化及氧气/水蒸气气化等工艺。

按煤气化后产生灰渣排出气化炉时的形态不同，分为固态排渣气化、灰团聚气化及液态排渣气化等工艺。

不同的气化工艺对原料性质的要求不同，因此在选择煤气化工艺时，考虑气化用煤的特性及其影响就显得极为重要。气化用煤的性质主要包括煤的反应性、黏结性、结渣性、热稳定性、机械强度、粒度组成，以及水分、灰分和硫分含量等。下面按照气化炉流动过程分类介绍固定床气化、流化床气化、气流床气化及熔融床气化工艺。

（1）固定床气化技术

在固定床气化工艺的气化过程中，煤由气化炉顶部加入，气化剂由气化炉底部加入，煤料与气化剂逆流接触，相对于气体的上升速度而言，煤料下降速度很慢，甚至可视为固定不动，因此称为固定床（图2-4）。而实际上，煤料在气化过程中是以很慢的速度向下移动的，故也称为移动床气化。固定床气化以块煤、焦炭块或型煤（煤球）为入炉原料（颗粒度为5~80mm），固定床煤气化炉内自然形成了两个热交换区（即上部入口冷煤与出口煤气；下部热灰渣与气化剂逆流交换的结果），从而提高了气化效率。固

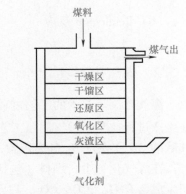

图2-4 固定床气化过程示意图

定床气化要求原料煤的热稳定性高、反应活性好、煤灰熔融性软化温度高、机械强度高等，对煤的灰分含量也有所限制。固定床气化形式多样，通常按照压力等级可分为常压和加压两种。

1）常压固定床气化。常压固定床气化工艺是比较古老的，应用非常普遍的气化方法。它的特点是：整个气化过程是在常压下进行的；在气化炉内，煤是分阶段装入的，随着反应时间的延长，燃料逐渐下移，经过前述的干燥、干馏、还原和氧化等各个阶段，最后以灰渣的形式不断排出，而后补加新的燃料；操作方法有间歇法和连续气化法；气化剂一般为空气或富氧空气，用来和碳反应提供热量，水蒸气则利用该热量和碳反应，分解为氢气、一氧化碳、二氧化碳和甲烷等气体。

常压固定床水煤气炉以无烟块煤或焦炭块为入炉原料，要求原料煤的热稳定性高、反应活性好、煤灰熔融性软化温度高等。该技术进厂原料利用率低，操作繁杂、单炉日处理量少（50~100t/d）、有效气成分含量为76%，碳转化率为75%~82%，对环境污染严重，目前，国内外正在逐步淘汰该工艺。

2）加压固定床气化。在加压固定床气化炉中，煤的加压气化压力通常为1.0~3.0MPa或者更高，以褐煤和次烟煤为原料，代表性的炉型为鲁奇炉（Lurgi）。鲁奇炉加压固定床气化炉以黏结性不强的次烟煤块、褐煤块为原料，以氧气/水蒸气为气化剂，加压操作，连续运行。鲁奇炉加压气化炉压力为2.5~4.0MPa，气化反应温度为900~1100℃，固态排渣，以块煤（粒度5~50mm）为原料，以水蒸气、氧气为气化剂生产半水煤气，有效气成分含量为50%~65%，碳转化率95%，并且水煤气中体积分数约8%的甲烷可以经水蒸气催化重整转换成氢气。与常压固定床相比，鲁奇炉有效解决了常压固定床单炉产气能力小的问题，提高了气化强度和煤种适应性，适用于除强黏结性煤外所有煤种。同时，由于在生产中使用了碎煤，也使煤的利用率得到相应提高。

（2）流化床气化技术

流化床气化是煤颗粒床层在入炉气化剂的作用下，呈现流态化状态，并完成气化反应的过程。流化床气化以粒度为0.5~5mm的小颗粒煤（碎煤）为气化原料，在气化炉内使其悬

浮分散在垂直上升的气流中，煤粒在沸腾状态下进行气化反应，使得煤料层内温度均匀，易于控制，从而提高气化效率。同时，反应温度一般低于煤灰熔融性软化温度（900~1050℃）。当气流速度较高时，整个床层就会像液体一样形成明显的界面，煤粒与流体之间的摩擦力和它本身的重力相平衡，这时的床层状态叫流化床。

流化床气化技术的反应动力学条件好，气—固两相间紊动强烈，气化强度大，不仅适合于活性较高的低价煤及褐煤，还适合于含灰较高的劣质煤。另外，该工艺煤干馏产生的烃类发生二次裂解，所以出口煤气中几乎不含焦油和酚，冷凝冷却水处理简单、环境友好，流化床气化还具有床内温度场分布均匀，径、轴向温度梯度小和过程易于控制等优点，但也存在气化温度低、热损失大、粗煤气质量差等缺点。流化床气化工艺主要包括常压 Winkler、Lurgi 循环流化床、加压 HTW 和灰熔聚技术（U-gas、KRW）等。

（3）气流床气化技术

这是一种并流气化，可用气化剂将颗粒度为 100μm 以下的煤粉带入气化炉内（干法进料），也可以将煤粉先制成水煤浆，然后用泵打入气化炉内（湿法进料）。煤料在高于其煤灰熔融性软化温度下与气化剂发生燃烧反应和气化反应，灰渣以液态形式排出气化炉。当气体速度大于煤粒的终端速度时，煤粒不能再维持层状，因而随气流一起向上流动。这种床属于气流夹带床或者气流输送床，称为气流床。气流床属于同向气化，煤粉（干粉或者水煤浆）与气化剂掺混后，高速喷入气化炉。煤粒在炉内停留时间短，气化过程瞬间完成，操作温度一般为 1200~1600℃，压力为 2~8MPa，因而具有处理量比较大、煤种适应性较广、煤气中不含焦油，污水少，煤气化处理系统简单等特点。表 2-2 列出了两种典型气流床煤气化的技术指标。

表 2-2 两种典型气流床煤气化技术指标

指标内容	湿法料浆气化技术	干法粉煤气化技术
气化原料	次烟煤、烟煤、含碳有机物	次烟煤、烟煤、褐煤、含碳干粉
气化压力/MPa	0.1~7.0	2.0~4.0
气化温度/℃	1250~1400	1400~1700
气化剂	氧气	氧气+蒸汽
进料方式	料浆	干煤粉
单炉最大处理量/（t/d）	2000	2000
有效气（$CO+H_2$）体积分数（%）	72~82	92~95
碳转化率（%）	96~98	98~99
冷煤气效率（%）	72	82
比氧耗/（$Nm^3 \cdot kN/m^3$）	400	320
比煤耗/（$kg \cdot kN/m^3$）	600	520
比汽耗/（$kg \cdot kN/m^3$）	0	120
工业应用	已有 20 多套工业化装置在运行	工业化装置试运行

注：湿法料浆气化技术指标为多元料浆气化技术的代表性数据；干法粉煤气化技术指标为 Shell 气化技术的代表性数据。

表 2-2 说明，干法气化技术与湿法气化技术相比较在气化指标如氧耗、煤耗、煤气中的有效成分（CO+H$_2$）含量、冷煤气效率、转化效率等方面存在明显差异。但从气体组成方面分析，干法气化生成的粗煤气组成中 CO 组分含量高而 H$_2$ 组分含量低，使得后续变换过程规模相应变大。现有的干法气化中粗煤气的降温、净化多采用废锅流程，系统流程长，投资大。湿法气化多采用激冷流程，出系统的煤气为高温饱和气，其水气比为 1.2~1.5，携带的水蒸气足以满足变换过程所需水蒸气量。

德士古（Texaco）煤气化加压气流床气化炉，以水煤浆为原料，以氧气/水蒸气为气化剂，可实现连续操作，是比较成熟的煤气化技术之一。水煤浆经煤浆泵加压与空分氧压缩机送来的富氧一起经德士古喷嘴进入气化炉，炉内操作温度在 1300~1500℃，气化炉压力最高可达 8.7MPa，有效气成分体积分数为 78%~81%，碳转化率为 96%~97%，比氧耗和比煤耗分别为（410~460）m^3/1000m^3（CO+H$_2$）和（630~650）kg/1000m^3（CO+H$_2$）。水煤浆技术一般要求煤的灰熔点在 1350℃ 以下，煤种的灰含量以空气干燥基计低于 13%（质量分数），煤内水含量应低于 8%（质量分数），还有一个关键的指标是煤的成浆性，要求煤浆浓度在 60% 以上。该技术对煤的性状如粒度、湿度、活化性和烧结等较不敏感，适用于中低变质程度烟煤、老年褐煤、石油焦等能制成浓度可输送浆料的含碳固体。我国首家引进德士古（Texaco）煤气化技术的是山东鲁南化肥厂，国内目前使用水煤浆气化的工厂已经超过了 20 家。具体工艺流程如图 2-5 所示。

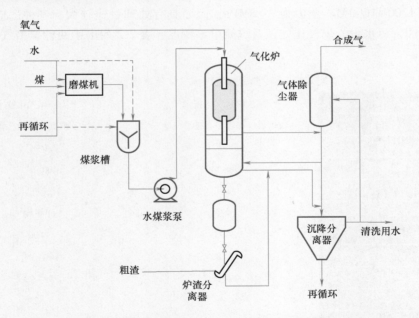

图 2-5　德士古（Texaco）水煤浆加压气化装置工艺流程

壳牌（Shell）干煤粉加压气化装置工艺流程如图 2-6 所示。壳牌（Shell）加压气流床气化炉是下置多喷嘴式干煤粉气化工艺，它以干煤粉为原料，以氧气和少量水蒸气为气化剂，在高温（1400~1600℃）加压（3MPa）条件下连续操作，在极为短暂的时间内完成升温、挥发分脱除、裂解、燃烧及转化等一系列物理和化学过程。在壳牌（Shell）气化炉出口煤气中有效成分（CO+H₂）含量可达 90% 以上，且其气化效率高于 Texaco 气化炉。为了让高温煤气中的熔融态灰渣凝固以免使煤气冷却器堵塞，后续工艺中采用大量的冷煤气对高温煤气进行急冷，可使高温煤气由 1400℃ 冷却到 900℃。该工艺煤种适应性广，从无烟煤、烟煤、褐煤到石油焦均可气化，对煤的灰熔点范围比其他气化工艺更宽。对于高灰分、高水分、高含硫量的煤种也同样适应，该技术还有单系列生产能力大、产品质量好、热效率高、负荷调节方便等优点。迄今已有 20 余套 Shell 装置在中国运行，但这些装置的运转也暴露出粉煤输送系统的稳定性差、下渣口阻塞、锅炉积灰等问题。

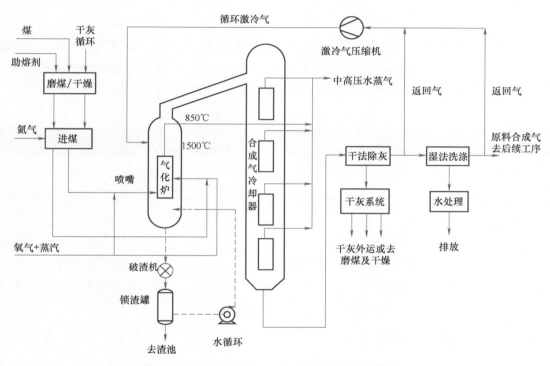

图 2-6 壳牌（Shell）干煤粉加压气化装置工艺流程

2. 煤气净化

煤气净化应具备如下功能：

（1）煤气冷却和排送

抽吸焦炉集气管得到煤气，使其冷却到一定温度并初步净化后压送至下一工序；分离焦油氨水，制取合格的焦油和供集气管喷洒的循环氨水以及剩余氨水。

（2）脱除煤气中的硫

采用碱性吸收剂洗涤脱除煤气中的 H₂S（同时脱除部分 HCN），使煤气含硫符合各类用户和国家环保标准的要求，同时以产品硫或硫酸等形式回收硫资源。

（3）脱除煤气中的氨

采用水洗、硫酸或磷铵溶液洗涤吸收等方法脱除煤气中的 NH₃，使煤气含氨符合各类用户和国家环保的要求；同时以产品硫铵、无水氨等形式回收氨，或采用氨分解的方法回收低热值尾气。

（4）脱除煤气中的苯

采用洗油洗涤脱除煤气中的苯，并经蒸馏以产品粗苯或轻苯加以回收，所用吸收剂一般为焦油洗油。

（5）煤气最终净化

在上述基础上，采用干法脱硫、轻柴油洗萘、加压冷却等方法对煤气中的硫、萘、水分进一步脱除，以满足民用或特殊用户的更高要求。

2.3.3　CO 变换

CO 变换作用是将煤气化产生的合成气中 CO 变换成 H_2 和 CO_2，调节气体成分，满足后部工序的要求。CO 变换技术依据变换催化剂的发展而发展，变换催化剂的性能决定了变换流程及其先进性。表 2-3 列出了一些典型变换催化剂工艺及其特征。

表 2-3　一些变换催化剂工艺及其特征

催化剂变换工艺	操作温度/℃	煤气中硫质量分数要求	耗能
Fe-Cr 系催化剂	350~550	$<80\times10^{-6}$	高
Cu-Zn 系催化剂	200~280	$<0.1\times10^{-6}$	高
Co-Mo 系催化剂	200~550	无上限要求	低

在上述 3 种变换工艺中，Co-Mo 系变换催化剂工艺特别适合于处理较高 H_2S 浓度的气体，且该工艺具有能耗低的优势，因此，在煤炭制氢装置中，一般 CO 变换采用 Co-Mo 系变换工艺，该工业也称为宽温耐硫变换工艺。

2.3.4　酸性气体脱除技术

煤气化合成气经 CO 变换后，主要为含 H_2、CO_2 的气体，以脱除 CO_2 为主要任务的酸性气体脱除方法主要有溶液物理吸收、溶液化学吸收、低温蒸馏和吸附四大类，其中以溶液物理吸收和化学吸收最为普遍，前者适用于压力较高的场合，后者适用于压力相对较低的场合。

国外应用较多的溶液物理吸收法主要有低温甲醇洗法，应用较多的化学吸收法主要有热钾碱法和 MDEA（N-甲基二乙醇胺）法。国内应用较多的液体物理吸收法主要有低温甲醇洗法、NHD（聚乙二醇二甲醚）法、碳酸丙烯酯法，应用较多的化学吸收法主要有热钾碱法和 MDEA 法。

2.3.5　H_2 提纯技术

目前，粗 H_2 提纯的方法主要有深冷法、膜分离法、吸收-吸附法、钯膜扩散法、金属氢化物法及变压吸附法等。其中，变压吸附法（PSA）在规模化、能耗、操作难易程度、产品氢纯度、投资等方面都具有显著优势，该技术将在第 9 章中详细介绍。

2.4　煤制氢技术发展现状

国内外煤气化技术多达上百种，但实际实现工业化应用的只有 30 多种，我国是拥有煤气化炉数量和种类最多的国家。目前，我国的煤气化工艺已逐渐完成了由传统的 UGI 炉块煤间歇气化向先进的固定床、气流床、流化床加压纯氧连续气化工艺的过渡。据不完全统计，我国采用国内外先进大型洁净煤气化技术，已投产和正在建设的气化炉达 700 余台，并且 60% 以上的气化炉已投产运行。其中，应用较多的主流炉型中，固定床技术有德国鲁奇公司的鲁奇（Lurgi）炉、上海泽玛克敏达机械设备有限公司的 BG/L 炉等；流化床技术有中科院山西煤化所开发的灰融聚煤气化技术、中科院工程热物理研究所的循环流化床煤气化技术、美国综合能源系统公司的 SES（原 U-Gas）煤气化技术；气流床技术有德士古（Texaco）水煤浆气化技术、华东理工大学多喷嘴对置式水煤浆/干煤粉气化技术、Shell 粉煤气化技术、航天粉煤加压气化技术（航天炉）、西北化工研究院多元料浆气化技术、华能的两段粉煤加压气化技术、清华大学与相关单位开发的清华炉、神华宁煤与有关单位合作开发的干粉煤气化技术（神宁炉）、华东理工大学与中石化相关单位开发的 SE 水煤浆/粉煤气化技术（东方炉）等。

各种气化炉的技术特性指标比较如表 2-4 所列。

表 2-4　气化炉技术特性指标

气化炉型	工艺类型	气化炉压力/MPa	有效气（$CO+H_2$）体积分数（%）	碳转化率（%）
德士古炉	水煤浆加压气化	2.6~8.5	80	94~96
清华炉	水煤浆加压气化	4.0~8.0	83	≈98
壳牌炉	粉煤加压气化	2.0~4.0	89	≈99
东方炉	粉煤加压气化	2.5~4.0	>90	≈99
鲁奇炉	固定床加压气化	2.0~3.2	65（另含 CH_4：8~12）	≈99
航天炉	粉煤加压气化	2.0~4.0	>90	≈99
华东理工炉	水煤浆加压气化	1.0~4.0	82	≈98
西北化工院炉	多元料浆加压气化	1.3~6.5	80~86	—

2.5　电解煤水制氢

电解水制氢是氢能制备的一种重要途径，随着氢能越来越受到人们的重视，电解水制氢技术得到迅速地发展。1979 年，Coughlin 和 Farooquel 在《自然》杂志上发表了电解煤水制氢的文章，首次提出在酸性介质中电解煤水制取气体产品，在阳极上得到 CO 和 CO_2，阴极

上得到 H_2，电解过程可在常温下进行，电解电位为 1.0V，阴极析氢效率接近 100%。我国最早研究电解煤水制氢的是中国石油大学（北京），戴衡、赵永丰等以硫酸溶液为介质，以铂网为电极进行煤电解制氢的研究。1990—1992 年，唐致远等研究了煤在碱性介质和酸性介质中的电解行为，探讨了提高反应温度、增强反应强度的方法。2007 年印仁和等首次对我国煤炭进行了电解制氢的工艺条件探讨，用自制 Pt/Ti 催化电极和 Pt-Ir/Ti 催化电极为工作电极，分别研究了反应过程中煤浆浓度、电解温度、电解质硫酸的浓度、不同煤种、不同溶液催化剂 Ce^{4+}、$Fe(CN)_6^{3-}$、Fe^{3+} 及 Fe^{2+}/Fe^+ 对电解制氢的影响。

2.5.1 电解煤水制氢的反应机理

Coughlin 和 Farooquel 将水煤浆电解制氢的反应机理归结为以下过程：

阴极反应：$\qquad\qquad\qquad\qquad$ $4H^+ + 4e^- \rightarrow 2H_2$ $\qquad\qquad\qquad\qquad$ (2-7)

阳极反应：$\qquad\qquad\qquad\qquad$ $C + 2H_2O \rightarrow 4H^+ + CO_2 + 4e^-$ $\qquad\qquad$ (2-8)

总反应：$\qquad\qquad\qquad\qquad$ $C + 2H_2O \rightarrow 2H_2 + CO_2$ $\qquad\qquad\qquad$ (2-9)

为了使反应式（2-9）在适当的温度下进行，需给电解槽施加足够的电压，在 25℃时的理论分解电压为 0.21V，相比电解水电压 1.23V 具有明显的节能优势。研究表明阳极室加入煤粉后，电解制氢反应可以在 1.0V 下进行，析氢的电流效率接近 100%，但阳极室只能形成少量 CO_2，远远低于反应式（2-9）所应获得的值，这表明阳极反应比式（2-8）复杂。其可能的原因是，煤表面经过氧化后，首先形成了-COOH、-CHO、-CH_2OH 等含氧官能团，进一步氧化后，才生成 CO_2。电解煤水制氢电解装置如图 2-7 所示。

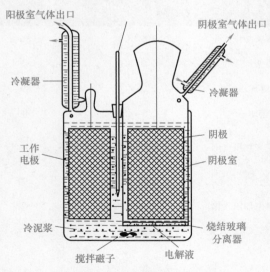

图 2-7 电解煤水制氢电解装置

1981 年，Baldwin 从伏安研究中提出煤水中电解电流主要是 Fe^{2+} 的氧化得到的，Fe^{2+} 是从煤中萃取到强酸电解液中的。1982 年，Dhouge 等对煤浆的氧化机理进行了研究，他们认为煤炭电解氧化与煤炭中的杂质铁离子有很大的关系，当煤加入 H_2SO_4 溶液中时，浆液里就有 Fe^{2+} 存在，Fe^{2+} 在阳极上被电解氧化生成 Fe^{3+}，Fe^{3+} 通过化学反应对碳进行了氧化，即

阳极反应：$\qquad Fe^{2+} \rightarrow Fe^{3+} + e^-$ （2-10）

阴极反应：$\qquad 4H^+ + 4e^- \rightarrow 2H_2$ （2-11）

电解液中反应：$\quad 4Fe^{3+} + C + 2H_2O \rightarrow CO_2 + 4Fe^{2+} + 4H^+ + 其他产品$ （2-12）

煤电解氧化过程是个煤催化氧化过程。在系统中添加更好的催化剂如 Ce^{4+} 和 V^{5+} 等会明显提高催化速率，增加氧化电流。

2.5.2 电解煤水制氢技术的特点

电解煤水制氢技术着重研究用少量的电能，利用阳极催化剂直接电解煤水制高纯 H_2，是煤炭的清洁高效利用的手段之一。电解煤浆制氢技术有以下主要特点。

1. 电解效率高，用电量少

目前常规的电解水的理论分解电位为 1.23V，实际电解过程中需要 1.6~2.2V 的电压；电解煤水制氢反应的理论电位仅为 0.21V，实际电解过程中只需要 0.7~1.1V 左右的电压，相同的 H_2 产量，电解煤水制氢仅需要常规电解水 1/3~1/2 消耗的电能，煤是水电解的阳极去极化剂，因此电解煤水制氢所需的能量远比电解水的低，能大幅降低电解制氢的成本。

2. 降低 CO_2 引起的温室效应

在电解制氢过程中，阳极气与阴极气量之比远小于 1/2，说明生成 CO_2 反应仅为阳极氧化反应的一部分，碳元素并没有被完全氧化生成 CO_2，有一部分碳元素在电解氧化过程中被氧化生成中间有机产物残留在溶液中。因此，与煤炭燃烧相比，它生成的 CO_2 少，同时电解过程产生的 CO_2 可便利地收集利用，符合国家碳减排政策。

3. 环境污染小

煤燃烧过程中，会产生氮氧化物和硫氧化物而造成环境污染。而在煤水电解制氢的过程中，氮、硫元素被氧化为相应的氧化物和酸留在电解液中，不会产生氮、硫的氧化物气体，能有效减少环境污染。

4. 气体产物无需分离

煤水电解制氢在阴极产生纯净的 H_2，阳极产生 CO_2，二者在制备过程中可以分开收集，不需要纯化和分离氢的装置和设备，工艺简化能够降低成本。此外，通过控制阳极电位，阳极可以得到甲醇等有机小分子化合物，可直接为甲醇燃料电池提供原料。

5. 设备简单，条件温和

和煤炭高温气化制氢相比，电解煤水制氢所需要的工艺设备简单，条件温和，这也能降低制氢成本。

2.6 煤制氢技术的优缺点

氢作为一种二次能源，燃烧后的生成物是水，不产生影响环境的污染物，不排放温室气体，被公认是 21 世纪的洁净能源。中国煤炭资源要相对丰富，在风能、太阳能、地热能及生物质能等新能源和可再生能源制氢实现大规模商业化应用之前，煤气化制氢仍将在中国占据主导地位。

煤制氢工艺具有较好的技术经济性、抗风险能力，较强的市场竞争力。当前我国氢气产量超过 3000 万吨，其中煤制氢约占 60%，广泛应用于石油炼化、甲醇、合成氨等工业领域，伴随着我国工业快速发展，我国煤气化制氢发展很快，但也存在一些问题，主要表现在如下几个方面：

1）目前在中国运行的气化炉中，仍存在工艺落后的常压固定床气化炉，该工艺操作复杂，气化效率低，污染物处理难度大。

2）中国"三高煤"储量大，但目前的煤气化技术都不适用于"三高煤"，技术攻关困难。

3）煤化工对环境的影响十分巨大，因为它既是高水耗行业，也是高碳排放和高污水排放行业。

2.7 煤制氢技术的经济性

煤制氢技术发展成熟，可大规模稳定制备，是我国当前成本最低的制氢方式。在煤制氢成本构成中，原料煤约占制氢总成本的 50%。以具有一定代表性的煤气化技术为例，每小时产能为 54 万方合成气的装置，在原料煤（6000 大卡，含碳量 80% 以上）价格 600 元/t 情况下，制取氢气成本约为 8.85 元/kg。图 2-8 比较了煤制氢与天然气制氢的成本情况，以技术成熟的蒸汽重整天然气制氢为例，天然气原料成本占比达 70% 以上，因此天然气制氢受制于天然气原料价格，相关价格的对比如图 2-8 所示。

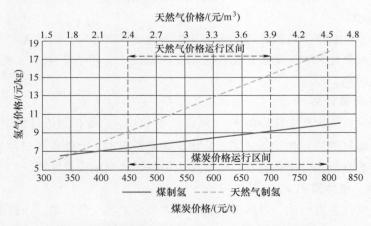

图 2-8　煤制氢与天然气制氢价格对比（制氢装置为 10 万标方/小时）

为降低制氢过程的碳排放量，在化石能源重整制氢项目中会配套使用碳捕集与封存（CCS）技术。CCS 作为一项有望实现化石能源大规模低碳利用的新技术，是中国未来减少二氧化碳排放、保障能源安全和实现可持续发展的重要手段。根据《中国碳捕集利用与封存技术发展路线图》规划，当前国内 CCS 成本约在 350~400 元/t，2030 年和 2050 年分别控制在 210 元/t 和 150 元/t。结合煤制氢路线单位氢气生成二氧化碳的平均比例，增加 CCS 后煤制氢成本约增加至 15.85 元/kg。当前，国内 CCS 技术尚处于探索和示范阶段、需要通过进一步开发技术来推动能耗和成本的下降，并拓展二氧化碳的利用渠道，通过实现二氧化碳的资源化利用降低碳氢成本。

思 考 题

1. 煤的分类有哪些？
2. 简述煤焦化制氢的原理及过程。
3. 煤气化制氢原理以及气化过程的主要反应方程式是什么？
4. 简述煤气化制氢技术的工艺流程。
5. 加压固定气化床技术与常压固定气化床技术相比有哪些优点？
6. 总结德士古加压气化技术和壳牌加压气化技术各自的工艺技术特点。
7. 电解煤水制氢相比传统电解水制氢的技术优势是什么？
8. 我国煤制氢技术与天然气制氢技术相比有哪些优势？
9. 简述我国煤制氢技术的局限性。

参 考 文 献

[1] 肖钢，常乐. 低碳经济与氢能开发 [M]. 武汉：武汉理工大学出版社，2011.

[2] 陈军，陶占良. 能源化学 [M]. 北京：化学工业出版社，2004.

[3] 李增学，魏久传，刘莹. 煤地质学 [M]. 北京：地质出版社，2005.

[4] 马艳. 煤炭焦化过程及结焦机理分析 [J]. 科技风，2011，20（2）：274-274.

[5] 吴素芳. 氢能与制氢技术 [M]. 2 版. 杭州：浙江大学出版社，2021.

[6] 毛宗强，毛志明，余皓. 制氢工艺与技术 [M]. 北京：化学工业出版社，2018.

[7] 毛宗强. 氢能：21 世纪的绿色能源 [M]. 北京：化学工业出版社，2005.

[8] 许祥静. 煤气化生产技术 [M]. 2 版. 北京：化学工业出版社，2010.

[9] 王林山，李瑛. 燃料电池 [M]. 北京：冶金工业出版社，2005.

[10] 徐振刚，王东飞，宇黎亮. 煤气化制氢技术在我国的发展 [J]. 煤，2001，10（4）：3-6.

[11] 贺根良，门长贵. 制氢技术的思考 [J]. 山东化工，2009，38（2）：19-21.

[12] 王欢，范飞，李鹏飞，等. 现代煤气化技术进展及产业现状分析 [J]. 煤化工，2021，49（4）：52-55.

[13] COUGHLIN R W, FAROOQUE M. Hydrogen production from coal, water and electrons [J]. Nature, 1979, 279：301-303.

[14] 戴衡，赵水丰. 固体燃料-水电解制氢的研究 [J]. 燃料化学学报，1984，12（4）：289-296.

[15] 唐致远，刘昭林，郭鹤桐. 酸性介质中镁电化学氧化动力学的研究 [J]. 天津大学学报，1992，1：31-37.

[16] BALDWIN R P, JONES K F, JOSEPH T T, et al. Voltammetry and Electrolysis of coal slurries and H-coal liquids. Fuel, 1981. 60（8）：739.

[17] 万燕鸣，等. 中国氢能源及燃料电池产业白皮书（2019 版）[R]. （2019-7-24）.

第3章 天然气制氢

天然气是地球三大化石能源之一，储量巨大（最近盛行的页岩气、可燃冰成分也与它也近似），其主要成分是甲烷（CH_4），其中储氢量为25%。在美国等天然气资源丰富的国家，天然气制氢很早就成为最主流的工业氢气制备技术。甲烷化学结构稳定，制氢技术路线多样，主要包括水蒸气重整、高温裂解及直接无氧芳构化等制氢技术。水蒸气重整是采用便宜易得的水蒸气、氧气介质与甲烷反应，先生成合成气，再经化学转化与分离，制备氢气；甲烷直接无氧芳构化技术，可以得到不含CO的氢气及大量高价值的芳烃产品；天然气高温裂解，可以得到不含CO的氢气及大量高价值的碳纳米材料产品。

3.1 天然气制氢原理

甲烷分子惰性，其活化需要在高温下进行，分含氧介质参与和无氧环境两种。含氧介质主要包括 H_2O、CO_2 与空气和 O_2 等价廉、易得、大量的原料。制备合成气的化学反应方程式包括：

$$CH_4 + H_2O \rightarrow 3H_2 + CO \quad 强吸热 \tag{3-1}$$

$$CH_4 + \frac{1}{2}O_2 \rightarrow 2H_2 + CO \quad 强放热 \tag{3-2}$$

$$CH_4 + CO_2 \rightarrow 2H_2 + 2CO \quad 强吸热 \tag{3-3}$$

在实际进行过程中，CO 具有反应活性且有毒害，直接排放既是极大的资源浪费，又会污染环境带来危害，因此不能随便排放。为最大化地获得氢气，必须引入如下反应：

水煤气变换反应： $$CO + H_2O \rightarrow H_2 + CO_2 \tag{3-4}$$

这样从物质流角度分析，上述 3 个过程的总包反应方程式依次变为

$$CH_4 + 2H_2O \rightarrow 4H_2 + CO_2 \tag{3-5}$$

$$CH_4 + \frac{1}{2}O_2 + H_2O \rightarrow 3H_2 + CO_2 \tag{3-6}$$

$$CH_4 + CO_2 + 2H_2O \rightarrow 4H_2 + 2CO_2 \text{再变为：} CH_4 + 2H_2O \rightarrow 4H_2 + CO_2 \tag{3-7}$$

第一个与第二个总包反应说明，CO_2 为制备过程碳的最终排放物。第三个反应引入 CO_2 为介质的反应，属于特殊性反应案例，不具普遍意义。

然而从能量流角度分析，制备合成气的 3 个反应分别为高温位的强吸热、强放热与强吸热反应。水蒸气转化过程常需要燃烧相当于 1/3 原料气的燃料来为反应提供热能，而 CO_2 重整过程约需要燃烧相当于 42% 原料气的燃料来为反应提供热能。而水煤气变换为低温位的中等反应。但制备水煤气变换反应的热能并不能为前面的合成气制备反应服务，因此，利用 CO_2 为介质的过程代价巨大。

如果将原料与燃料气一并考虑，以水蒸气转化过程为例：

$$CH_{4(原料)} + 2H_2O_{(原料)} + \frac{1}{3}CH_{4(原料)} + \frac{2}{3}O_{2(燃烧介质)} \rightarrow$$

$$4H_{2(产品)} + \frac{3}{4}CO_{2(排放)} + \frac{2}{3}H_2O_{(排放)} \tag{3-8}$$

由此总包物流关系式（3-8）可以看出，每生产 1t 氢气，约放出 7.3tCO_2。事实上由于分离过程的存在，以及天然气开采、基建等过程的各类损失折算，每生产 1t 氢气，释放出的 CO_2 要远大于这个数值，约达 10~11t。

同时，在与有氧介质反应的过程中，如在氧气存在条件下的直接燃烧反应，既可以得到纯合成气，也可共产乙炔等高附加值产品，其中的共性问题是变成合成气后，如何最大化生产氢气的问题，工艺流程示意图如图 3-1 所示。

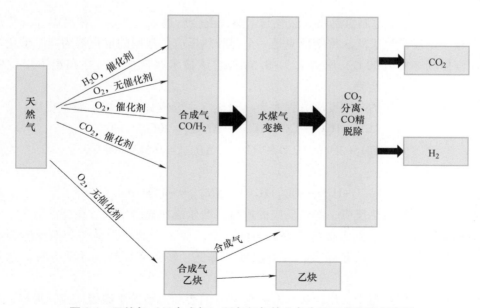

图 3-1　天然气（经合成气）制备氢气的几条主要工艺流程示意图

其中的特性问题是甲烷在不同高温介质（水蒸气、CO_2、O_2）及有无催化剂条件下如何活化、转化的问题。

3.2 天然气水蒸气重整制氢

3.2.1 天然气水蒸气重整制氢原理

天然气水蒸气重整（Steam Methane Reforming，SMR）是工业领域应用最广泛的制氢技术，其产量占据了世界制氢产量的40%以上，技术成熟度高，装机容量范围广，从小型的 1t/h H_2 到集中为合成氨企业提供 10t/h H_2 产量均可满足。其工艺如图3-2所示。

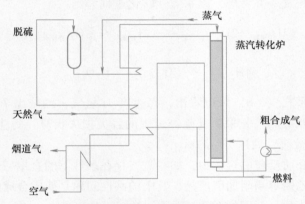

图 3-2   天然气水蒸气重整制氢工艺

如图3-2所示，重整制氢是将天然气与水蒸气混合后进入重整器，在高温和催化剂的作用下发生重整反应产生氢气。重整反应是一个强吸热反应，常用的催化剂为镍基催化剂，典型的反应温度为 800~900℃，压力 2.5~3.5MPa。该技术非常成熟，在高温下甲烷转化率高，几乎能达到平衡转换率。

天然气水蒸气重整的基本反应方程式为（天然气主要成分为甲烷）重整反应：

$$CH_4 + H_2O \rightarrow CO + 3H_2 \qquad \Delta H_{298K}^{\ominus} = 206kJ/mol \tag{3-9}$$

$$CH_4 + 2H_2O \rightarrow CO_2 + 4H_2 \qquad \Delta H_{298K} = 165kJ/mol \tag{3-10}$$

水气变换反应：

$$CO + H_2O \rightarrow CO_2 + H_2 \qquad \Delta H_{298K} = -41kJ/mol \tag{3-11}$$

前两个反应为强吸热反应，随着反应的进行，摩尔流速显著增加。在高温低压下，甲烷的转化率很高，几乎能达到平衡转化率。与前两个反应不同的是，水气变换反应为放热反应，反应前后物质的摩尔流量不变，随着温度的降低，转化率提高，且反应转化率与压力无关。

天然气重整制氢过程中，C-H 和 C-C 键断裂后的表面容易发生碳聚反应，形成积炭。常见的积炭有石墨炭、聚合物炭和丝状炭，积炭可引起活性中心中毒，堵塞孔道，甚至使催化剂粉化，因此要防止积炭。研究表明，催化剂表面配位的活性基团数目多或体积大引发积炭

⊖ ΔH_{298K} 表示在温度298K时的热量变化。

反应，大的活性基团更利于积炭反应而非甲烷转化反应的发生。因此，可通过控制活性基团的大小提高催化剂的抗积炭性能。

工业应用中一般水蒸气过量，水碳比为 3~5，其中水碳比指的是水蒸气中的水分子与原料气中的碳原子的个数的比值，生成的 H_2 与 CO 之比约为 3 : 1。制成的合成气再进入水气变换反应器，经过高低温变换反应将 CO 转化为 CO_2 和 H_2，提高 H_2 产率。工业上最常用的反应器是固定床列管式反应器，通过外部加热或部分氧化来提供反应所需的热量。

天然气重整制氢自 1926 年第一次应用至今，经过 90 多年的工艺改进，已成为目前工业上最成熟的制氢技术，被广泛用于氢气的工业生产。

尽管在工业上有着重要的地位，SMR 反应也有着很多显著的缺陷，主要包括：①热力学平衡约束氢气的产生量；②内扩散阻力大；③积炭和催化剂中毒；④传热、温度梯度和管材的限制；⑤产生环境污染。

3.2.2　天然气水蒸气重整制氢工艺

天然气重整的工艺流程，如图 3-3 所示。该流程主要由原料气处理、水蒸气转化（天然气蒸汽重整）、CO 变换和氢气提纯四大单元组成。

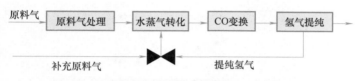

图 3-3　天然气水蒸气重整制氢工艺流程

原料气经脱硫等预处理后进入转化炉中进行天然气水蒸气重整反应。该反应是一个强吸热反应，反应所需要的热量由天然气的燃烧供给。由于重整反应是强吸热反应，为了达到高转化率，需要在高温下进行。重整反应条件为温度维持在 750~920℃。由于反应过程是体积增大的过程，因此，反应压力通常为 2~3MPa。同时在反应进料中采用过量的水蒸气来提高反应的速度。工业过程中的水蒸气和甲烷的摩尔比一般为 2.8~3.5。

天然气水蒸气转化制得的合成气，进入水气变换反应器，经过两段温度的变换反应，使 CO 转化为 CO_2 和 H_2，提高 H_2 产率。高温变换温度一般在 350~400℃，而中温变换操作温度则不超过 300~350℃。氢气提纯的方法包括物理过程的低温吸附法、金属氢化物氢净化法、变压吸附法；此外还有钯膜扩散法、中空纤维膜扩散法等。

变压吸附是利用吸附剂，对氢气中的杂质组分在不同压力下的吸附容量不同而使气体分离，提高氢气纯度。自 20 世纪 60 年代美国联合碳化物公司（UCC）第一套变压吸附提纯装置问世以来，该技术取得飞速发展，产品已遍及世界各地。变压吸附提纯氢气之所以能取得长足的发展，是因为它与其他方法相比有许多优点：原料范围广，对化肥厂尾气、炼油厂石油干气、乙烯尾气、氨裂解气、甲醇分成尾气、水煤气等各种含氢气源，杂质含量从 0.5%~40%，都能获得高纯氢气；能一次性去除氢气中多种杂质成分，简化了工艺流程；处理范围大，能从 0~100% 调节装置处理影响装置工作及产品纯度；启动方便，除首次开车需要调整、建立各操作步骤和工况外，平时随时可以开停机；能耗小、操作费用低，由于它能在 0.8~3MPa 下操作运行，这对于许多氢气源如弛放气、变换气、石化精炼气等，其本身压力满足这一要求，省去加压设备及能耗，特别是对一些尾气的回收综合利用大大降低了产品成本；装置运行中几乎无转动设备，并采用全自动阀门切换，因此设备稳定性好、自动化程度高、安全可靠；吸附剂寿命长，并且对周围环境无污染，可露天放置。由于技术成熟，且优点突出，变压吸附提纯技术在工业含氢副产气提纯中得到广泛应用。经过 20 多年的应用发展，气体膜分离技术以其"经济、便捷、高效、洁净"的技术特点，成为膜分离技术中应用发展速度最快的独立技术分支，是继"深冷分离"和"变压吸附分离"之后，被称为最具发展应用前景的第三代新型气体分离技术。通常情况下，氢气透过钯膜的过程包含以下 7 个步骤（图 3-4）：

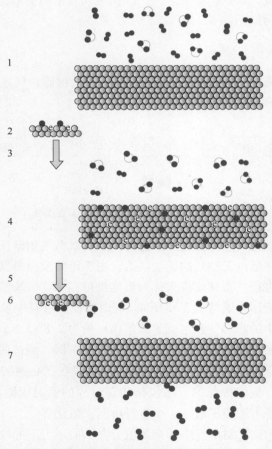

图 3-4 致密金属膜的氢渗透原理示意图

1）氢气从气相主体扩散到致密金属膜表面。

2）氢分子在金属膜表面解离成氢原子溶解。

3）氢原子吸附于金属基体。

4）氢原子扩散穿过膜。

5）氢原子脱离金属基体达到致密金属膜表面。

6）氢原子在金属膜表面重新结合成氢分子。

7）氢分子从金属膜表面脱附。

工业上通常将-100℃以下的低温冷冻，称为深度冷冻，简称深冷。深冷分离法又称低温精馏法，是林德教授于 1902 年发明的，实质就是气体液化技术，通常采用节流膨胀或绝热膨胀等机械方法可得到低至-210℃的低温；用绝热退磁法可得 1K 以下的低温。制冷设备包括压缩机、换热器和膨胀机（或节流阀）等。压缩机和膨胀机一般采用往复式或涡轮式。换热器一般采用蛇管式、缠绕管式或板翅式。依靠深度冷冻技术，可研究物质在接近绝对零度时的性质，并可用于气体的液化和气体混合物的分离。工业上，通过低温液化能够有效分离空气中的氮、氧、氩、氖、氦，以及天然气或水煤气中的氢等。深冷分离法用于回收氢气，回收率高，但压缩、冷却的能耗很大。

目前，甲烷水蒸气转化采用的工艺流程主要包括美国 Kellogg 流程、Braun 流程以及英国帝国化学公司 ICI-AMV 流程。除一段转化炉和烧嘴结构不同之外，其余均类似，包括有一、二段转化炉，原料预热和余热回收。

现在以天然气水蒸气转化的 Kellogg 流程为例介绍，其工艺流程如图 3-5 所示。

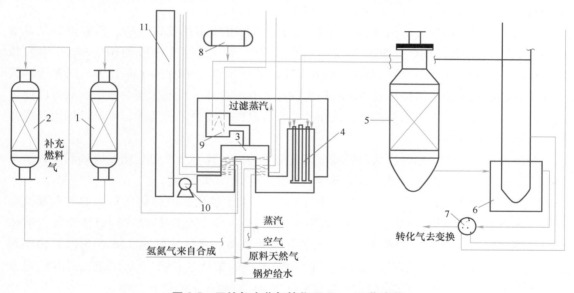

图 3-5　天然气水蒸气转化 Kellogg 工艺流程

1—钴钼加氢反应器　2—氧化锌脱硫罐　3—对流段　4—辐射段（一段转化炉）　5—二段转化炉
6—第一废热锅炉　7—第二废热锅炉　8—汽包　9—辅助锅炉　10—排风机　11—烟囱

天然气经脱硫后，硫质量分数小于 $0.5×10^{-6}$，然后在压力为 3.6MPa、温度为 380℃左右配入中压水蒸气，水碳摩尔比约为 3.5。进入一段转化炉的对流段预热到 500～520℃，然后送到一段转化炉的辐射段顶部，分配进入各反应管，从上而下流经催化剂层，转化管直径一般为 80～150mm，加热段长度为 6～12m。气体在转化管内进行蒸汽转化反应，从各转化管出来的气体由底部汇集到集气管，再沿集气管中间的上升管上升，温度升到 850～860℃时，送到二段转化炉。

空气经过加压到 3.3~3.5MPa，配入少量水蒸气，并在一段转化炉的对流段预热到 450℃左右，进入二段转化炉顶部与一段转化气汇合并燃烧，使温度升至 1200℃左右，经过催化层后出来的二段转化炉的气体温度为 1000℃左右，压力为 3.0MPa，参与甲烷的体积分数在 0.3% 左右。

从二段转化炉出来的转化气依顺序送入两台串联的废热锅炉以回收热量，产生水蒸气，从第二废热锅炉出来的气体温度为 370℃左右，送往变换工序。

天然气从辐射段顶部喷嘴喷入并燃烧，烟道气的流动方向自下而上，与管内的气体流向一致。离开辐射段的烟道气温度在 1000℃以上。进入对流段后，依次流过混合气、空气、水蒸气、原料天然气、锅炉水和燃烧天然气的各个盘管，当其温度降至 250℃时，用排风机向大气排放。

Braun 工艺是在 Kellogg 工艺的基础发展起来的，其主要特点是深冷分离和较温和的一段转化条件。Braun 工艺一段转化炉炉管直径为 150mm，相比 Kellogg 工艺 71mm 的炉管直径要大得多。Braun 工艺一段转化炉的温度 690℃、炉管压力降 250kPa，相比 Kellogg 工艺的炉管温度（800℃）、炉管压力降（478kPa）要温和很多。Braun 工艺较低的操作温度降低了对耐火材料的要求，也降低了投资成本和操作成本。

工业装置使用的催化剂均以 Ni 为活性组分，载体通常采用硅铝酸钙、铝酸钙以及难溶的耐火氧化物，如 a-Al_2O_3、MgO、CaO、ZrO_2、TiO_2 等。近年来一般使用 a-Al_2O_3 作为载体。目前，国内外开发的 Ni 型天然气水蒸气转化催化剂组成中的 NiO 占 15%。只含活性组分和载体的催化剂往往活性易衰退，抗积炭性能也有待提高。在催化剂中添加助剂可以抑制催化剂的熔结过程，防止晶粒长大，从而使它有较高的、较稳定的活性，可延长使用寿命并增加抗硫或抗积炭的能力。

当前催化剂选用的助剂已从利用碱金属或碱土金属、稀有金属氧化物发展到利用稀土金属氧化物来改善催化剂的活性、抗结碳性、热稳定性。

由 Ni-Ag-稀土金属（La，Ce，Yb，Pd，Nd）负载于氧化铝的催化剂对天然气水蒸气转化制氢也有良好的效果。ICI 公司开发和生产的 ICI57-3 型催化剂是以一种碱性物质为载体的浸渍型催化剂，用于工业装置上水蒸气转化天然气时，水碳比低至 2 或者 3 以下仍不积炭，例如由 NiO、TiO、$NaAlO_2$、$KAlO_2$ 和 Al_2O_3 组成的催化剂；将 V_2O_5 添加于 Ni-Al 合金中制得的催化剂；以 Mn 为助剂与 Ni 和铼负载于 Al_2O_3 载体上的催化剂等。

天然气水蒸气转化制氢技术是未来最具有经济价值的化石能源制氢工艺，转化炉是关键环节，需要根据实际情况进行调整。此外，高温变化相对于中温变化，在经济性和可靠性方面的优势较为明显。通过对天然气水蒸气转化制氢工艺流程的核算，可以得出优化策略，主要包括：

1）降低燃烧空气的预热温度，可以增加副产外送的水蒸气量。

2）提高转化器的出口温度，会导致设备投资费用的增加。

3）提高水碳比例，可以保证原料消耗总量的降低。

在工艺设计环节，需要根据实际情况，比如原料气体、燃烧气体的来源和价格，以及部分产品的成本等，根据以上结论对制氢工艺进行优化。

3.3 天然气部分氧化制氢

3.3.1 天然气部分氧化制氢原理

天然气部分氧化法（Partial Oxidation of Methane，POM）主要是利用甲烷在氧气不足的情况下发生氧化还原反应，生成 CO 和 H_2。常压下，反应温度区间在 650~1050℃范围内。

部分氧化反应是一个轻放热反应，且反应速率较重整反应快 1~2 个数量级，生成的 CO、H_2 摩尔比为 1:2，是费托过程制甲醇和高级醇的理想 CO/H_2 配比。目前，甲烷部分氧化制合成气的方法受到了各国产业界和学术界的重视。

部分氧化反应的反应方程式为：

$$CH_4+0.5O_2 \rightarrow CO+2H_2 \qquad \Delta H_{298K}=-36kJ/mol \qquad (3-12)$$
$$CH_4+1.5O_2 \rightarrow CO+2H_2O \qquad \Delta H_{298K}=-607kJ/mol \qquad (3-13)$$
$$CH_4+2O_2 \rightarrow CO_2+2H_2O \qquad \Delta H_{298K}=-802kJ/mol \qquad (3-14)$$

反应通过控制加入氧气的量来控制反应温度，所需燃料很少，成本也得到控制。但由于反应复杂，反应过程难于控制，空气的加入会大大降低合成气中氢气的浓度，对后续提纯工段增加压力；如果采用纯氧，价格较高，因此必须考虑廉价氧的来源。催化剂床层的温度分布均匀性也不易控制，床层容易局部高温过热造成催化剂失活。

伴随着上述主反应的发生，反应器内还可能发生一些副反应，如甲烷裂解等：

$$CH_4+CO_2 \rightarrow 2CO+2H_2 \qquad \Delta H_{298K}=247kJ/mol \qquad (3-15)$$
$$CH_4 \rightarrow C+2H_2 \qquad \Delta H_{298K}=75kJ/mol \qquad (3-16)$$
$$C+H_2O \rightarrow CO+H_2 \qquad \Delta H_{298K}=131kJ/mol \qquad (3-17)$$
$$C+0.5O_2 \rightarrow CO \qquad \Delta H_{298K}=-111kJ/mol \qquad (3-18)$$
$$C+CO_2 \rightarrow 2CO \qquad \Delta H_{298K}=-172kJ/mol \qquad (3-19)$$

当氧化反应采用空气，而不是纯氧做氧化剂时，空气中的氮气也会参与反应，可能发生的副反应包括：

$$N_2+3H_2 \rightarrow 2NH_3 \qquad \Delta H_{298K}=-98kJ/mol \qquad (3-20)$$
$$N_2+2H_2 \rightarrow N_2H_4 \qquad \Delta H_{298K}=-95kJ/mol \qquad (3-21)$$
$$N_2+2O_2 \rightarrow 2NO_2 \qquad \Delta H_{298K}=68kJ/mol \qquad (3-22)$$
$$N_2+O_2 \rightarrow 2NO \qquad \Delta H_{298K}=181kJ/mol \qquad (3-23)$$
$$N_2+2O_2 \rightarrow N_2O_4 \qquad \Delta H_{298K}=10kJ/mol \qquad (3-24)$$
$$2N_2+O_2 \rightarrow 2N_2O \qquad \Delta H_{298K}=163kJ/mol \qquad (3-25)$$

3.3.2 天然气部分氧化制氢工艺

天然气部分氧化制氢主要工艺路线：天然气经过压缩、脱硫后，与水蒸气混合，预热到500℃，氧或富氧空气经压缩后也预热到约 500℃，这两股气流分别进入反应器顶的喷嘴，在此充分混合，进入反应器进行部分氧化反应。一部分天然气与氧作用生成 H_2O 及 CO_2，并产生热量供给剩余的烃与水蒸气，供其在反应器中部催化剂层中发生转化反应。反应器下部出的转化气温度为 900~1000℃，氢含量 50%~60%（体积分数）。转化气经冷凝水淬冷，再经热量回收并降温，然后送 PSA 装置提取纯氢。

该工艺是利用内热进行烃类蒸汽转化反应，因而能广泛地选择烃类原料并允许较多杂质存在（重油及渣油的转化大都采用部分氧化法），但需要配备气体分离装置或变压吸附制氧装置。

天然气部分氧化制氢技术的使用与传统技术相比消耗的能源较少，并且原材料成本较为低廉，但是值得注意的是在进行化学反应的过程中主要使用的是高温无机陶瓷透氧膜，将廉价的制氧方式和具有较高水平的工艺材料进行结合，能够一定程度上增强工艺的实行效率，降低生产成本，也是未来能够得到广泛使用的方式之一。

天然气部分氧化制氢的反应器采用的是高温无机陶瓷透氧膜，与传统的水蒸气重整制氢的方式相比较来说，天然气部分氧化制氢工艺所消耗的能量更加少，因为它采用的是一些价格低廉的耐火材料组成的反应器。这种天然气制氢工艺比一般的生产工艺在设备投资方面降低了 25% 左右，生产成本降低了 40% 左右，能够大幅降低制氢成本。

3.4 天然气高温裂解制氢

3.4.1 天然气高温裂解制氢原理

甲烷直接裂解制氢过程，不产生 CO 和 CO_2，所得到的氢气产品，可用于 PEMFC 质子膜燃料电池等对燃料中 CO 含量要求严格的领域。

甲烷直接裂解过程既可只生产气体产品，也可以生成气体产品与固体产品（碳纳米材料，包括碳纳米管、石墨烯或碳纳米纤维）。生成固体产品的过程又被称为制备碳纳米材料的化学气相沉积过程。这类碳纳米材料可以用于金属、高分子或陶瓷等的结构增强材料，催化材料与吸附材料或导电材料，用途广泛，是当今纳米科技发展的热点。

甲烷裂解制备氢气的方程式如下。

$$CH_4 \xrightarrow{\text{催化剂}} C + 2H_2, \Delta H_{298K} = 74.81\text{kJ/mol} \qquad (3\text{-}26)$$

由于甲烷分子具有 sp^3 杂化的正四面体结构，具有非常高的稳定性，表现为不易与其他物质反应，很难被热裂解和催化剂裂解。热力学计算表明，当以石墨为最终碳生成物的形态，气态产品为氢气时，在 600K 时，甲烷才开始转化，并且随着温度的升高转化率升高，若要得到 90% 以上的转化率，理论上的最低温度约为 1073K。

3.4.2 天然气高温裂解制氢工艺

1. 天然气高温裂解制氢工艺

Muradov 等流化床反应——流化床再生装置上进行了甲烷热裂解制氢的研究，其示意图如图 3-6 所示。采用活性炭为催化剂，甲烷裂解在鼓泡流化床内进行，催化剂再生在湍动流化床进行。鼓泡流化床出口气体中氢气体积分数为 50%，经分离器后氢气纯度能达到 99%；裂解生成的炭颗粒，从鼓泡流化床 1 底部排除，经过分离后，部分炭颗粒再研磨成 50~

100mg 细颗粒加入湍动流化床反应器，在 900~1200℃，加入水蒸气和 CO_2 混合气体重整，催化剂的活性得到恢复，恢复活性的炭颗粒再流回鼓泡流化床中去。该工艺过程在反应过程不需要另外添加催化剂，因而能够长期稳定地运行，在 850~950℃甲烷转化率在 40%左右，氢气体积分数为 50%。

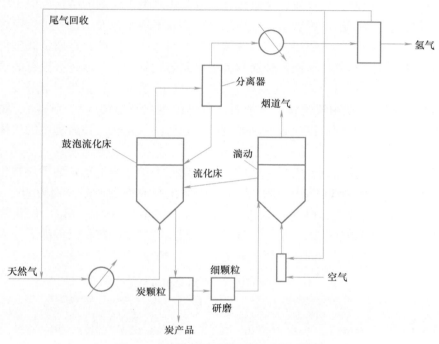

图 3-6　天然气高温裂解制氢工艺示意图

Matsukata 等在循环流化床反应器内进行甲烷催化裂解以及催化重整的研究，甲烷在提升管内催化裂解为气体氢气和固体炭，气体携带固体催化剂流出提升管反应器，催化剂颗粒分离后进入下行管，通入 CO_2 或 O_2 进行炭燃烧或炭与 CO_2 重整反应，除去沉积在催化剂表面的炭，恢复催化剂的活性，经过活化后的催化剂再回到提升管反应器进行甲烷裂解反应。Pugsley 等 L2 模拟了循环流化床反应器内甲烷部分氧化反应过程，结果显示当催化剂颗粒浓度为 10%时，反应接近平衡转换率（在 101.3kPa，93%），当反应器内压力提高到 1013kPa，甲烷转换率下降到 60%。

Qian 等在一两段组合式流化床进行了甲烷的催化裂解研究。该流化床分为上下两反应段，下段为低温反应段，上段为高温反应段，甲烷在高温条件下裂解速率快，且高温条件下反应可以通过炭颗粒的扩散减小积炭的影响，从而延长催化剂的寿命，反应 1000min 后，甲烷转化率仍能保持在 40%以上。

Wang 等模拟了循环流化床内水蒸气重整制氢过程，结果表明在聚团内甲烷转换率比单颗粒催化剂的转化率要低一些，聚团内氢气、CO 和 H_2O 的浓度随反应温度和甲烷气体流率的增加而增加，随反应压力以及水蒸气的提高而降低。对于 SESMR 过程，Johnsen 等提出了采用两个鼓泡流化床相连连续进行重整/吸附/再生过程的工艺，固体吸附剂和催化剂通过压差在两个流化床反应器内循环流动，研究结果表明在 540~630℃ 的反应温度下，氢气的出口体积分数达到 98%（干气），碳的固定效率超过 90%。

2. 催化剂

与甲烷的水蒸气转化等过程相似，甲烷高温裂解制氢的催化剂主要是铁、钴、镍等过渡金属负载型催化剂，以及活性炭或金属氧化物。金属负载型催化剂的结构类似于甲烷水蒸气转化过程的催化剂。事实上，甲烷水蒸气转化过程如果不通水或通水量不足，甲烷在催化剂上形成碳化物，碳就会自然沉积出来，形成碳纳米材料产品。因此，金属负载型催化剂的设计方面既有特殊性，也有共性。而活性炭与各类金属氧化物均属于该过程独有的催化剂。如用活性炭作催化剂裂解甲烷（产品为炭黑），在 950℃ 的温度下，甲烷转化率为 28% 左右，催化剂寿命大于 4h。而使用氧化镁或水滑石，则可以生成石墨烯与氢气产品。如果在氧化镁或水滑石上负载金属，则可以生成石墨烯或碳纳米管的杂化物。该过程中的气体产品均为纯净氢气。

在过渡金属负载型催化剂开发早期，铁、钴、镍三类催化剂上稳定的甲烷转化率依次为 2%、7%、15%。在 550~625℃ 的范围内，这三类催化剂的稳定寿命分别为 8h、14h、15h，过程效率不高。较大的改进是以 Feitknecht 为前驱体，可值得 Ni/Cu/Al$_2$O$_3$ 催化剂。加入铜可使镍催化剂裂解甲烷的活性大大增加。该类催化剂具有较高的沉积炭的能力，寿命延长到几十小时，甚至长达几天。不同镍催化剂上的转化率与稳定寿命如表 3-1 所示。

表 3-1 不同镍催化剂上的转化率与稳定寿命

催化剂	温度/K	稳定转化率（%）	稳定生长时间/h	最终积炭量/（mg/mg，Ni）
Ni/Al$_2$O$_3$（Ni：Al=3：1）	773	21	30	140
Ni/Al$_2$O$_3$（Ni：Al=9：1）	773	20	90	250
Ni/Cu/Al$_2$O$_3$（Ni：Cu：Al=15：3：2）	773	10	90	270
Ni/Cu/Al$_2$O$_3$（Ni：Cu：Al=15：3：2）	873	20	80	585
Ni/Cu/Al$_2$O$_3$（Ni：Cu：Al=3：1：1）	1023	2	2	19
Ni/Cu/Al$_2$O$_3$（Ni：Cu：Al=2：1：1）	1023	70	12	190

3. 制氢流程及对应的催化剂设计策略

在甲烷裂解过程中，产生碳的速率与碳在金属颗粒中的扩散速率会不匹配。当前者大于后者时，产生的碳来不及进行定向迁移，就会在很短的时间内覆盖在催化剂的表面，导致催化剂失活。随着反应温度提高，催化剂失活速率加快。甲烷分压也会催化剂失活产生影响，在 843K 时，当镍催化剂暴露于纯甲烷气氛中会马上失活。同时，当纳米管体积增多时，由于失去生长空间，纳米管与催化剂互相挤压或者将催化剂包覆，催化剂也会迅速失活。

以氢气为甲烷转化的唯一产品时（图 3-7），必须通过多种方法来消除催化剂的碳。如对失活的 Ni/SiO$_2$ 催化剂用氧气烧炭的再生研究，当碳产品被氧化后，位于碳产品顶端的金属颗粒会重新落到载体上并重新结合。在 70h 的裂解和再生循环后，催化剂的损失率约为

10%。同时，也可实现甲烷裂解与催化剂再生循环过程，其中 4min 的反应接 4min 的催化剂再生的周期操作较理想，甲烷的转化率在 773K 时保持在 45% 的水平。由于两个过程切换频繁，该气体产物中含有体积分数 $100×10^{-6}$ 的 CO 气体。

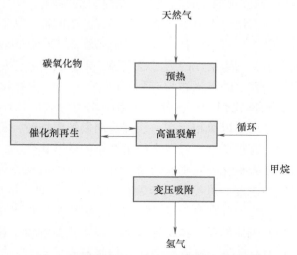

图 3-7　以氢气为唯一产品的甲烷裂解流程

催化剂再生过程中，如果完全形成二氧化碳，则这个过程意味着生产出每吨 H_2，仍需要释放十吨的 CO_2，与甲烷水蒸气转化过程相似。但如果将所生成的碳，控制性地完全形成一氧化碳，则可以通过水煤气变换反应，来增产氢气。这样相当于生产每吨 H_2，释放 6.6 吨 CO_2，过程的经济性明显改善。

但这个过程与甲烷水蒸气重整的区别是，生产的氢气大多数是高纯度的，不与大量的碳氧化物混合在一起。这与甲烷水蒸气重整过程是不一样的。

目前，由于该过程的催化剂设计复杂程度高，而再生时，温度高，且将炭烧掉时，金属纳米颗粒与载体间的结合不易控制。目前尚无足够多次再生后的催化剂稳定性评价。

通过催化剂的设计来控制碳产品的形态，可形成裂解甲烷同时制备氢气与纳米碳纤维两种产品的新的制氢路线（图 3-8）。并且利用镍铜铝催化剂在 773~1023K 的温度下得到了多种形态的纳米碳纤维。同时，建议生成的碳产品可以代替水泥做建筑材料，并且用部分碳或氢产品燃烧供热，实现整个过程的能源自给。

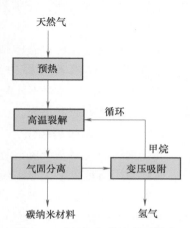

图 3-8　以氢气和碳纳米材料为共同产品的甲烷裂解流程

这个路线的核心在于尽量控制催化剂的活性，充分生长碳纳米材料后，催化剂会变成碳纳米材料中的杂质。生成的氢气与甲烷进行变压吸附分离后，甲烷循环使用。如果使用廉价催化剂，则成本可以接受。

针对能够顺利生长碳材料，以使得该催化剂延长寿命，成为该过程（既有气相的吸脱附及气相反应，又有固相生成）的独特催化剂特性。该方面的催化剂设计主要包括两

个思路:

1) 设计分散度好、稳定性好的纳米金属催化剂,纳米金属分散度高、活性高,生成的碳纳米材料也就越细。

2) 设计具有空间结构的催化剂,有容纳碳纳米材料的空间。

分散度高、稳定性好的催化剂主要由浸渍法和共沉淀法两种方法制备。用简单共沉淀法制备的镍铝催化剂,若镍晶粒不均匀,容易造成碳纳米管的直径分布较宽。在利用共沉淀法制备无机纳米颗粒的过程中,利用惰性的第二稳定相,来抑制纳米晶粒在焙烧或还原过程的生长,这对制备直径均匀的较小的纳米颗粒有利。以 Feitknecht 层状化合物为前驱体,合成分子水平均匀的镍铜铝系列催化剂,各组分在晶格中均匀分散,并且组分间有较强的结合力,形成固溶体,每个组分均不以单相存在。该催化剂裂解甲烷时,具有很高的活性和很高的沉积炭的能力。也有利用有机酸与有机胺来稳定铁钼的羰基化合物,热裂解得到单一分散的铁钼合金颗粒,再负载于无机化合物基底上时,可裂解甲烷得到直径为 $4\sim8nm$ 的纳米管,通过控制有机酸与有机胺的浓度,可控制纳米颗粒的直径。同时,也可利用 La 等金属调变镍铝催化剂的结构,当 La/Ni 比升高时,镍分散变好,碳纳米管直径变细。

采用超临界方法,将共沉淀的微晶体快速分散,以阻止其继续生长,得到的晶粒小且均匀,催化剂比表面积可达 $600m^2/g$。超临界干燥过程是制备多孔/高比表面积的催化剂晶粒的关键。如果采用简单的溶剂蒸发作用,由于气液界面强的表面张力,会使多孔结构塌陷,从而使催化剂的比表面积和孔容减小。考虑到超临界法制备催化剂所用设备比较复杂,较难放大,将水热方法改进为乙醇热方法制备催化剂,乙醇在催化剂干燥过程中挥发导致的表面张力比水小,这样既能够控制催化剂的孔结构,又提高了催化剂活性与氢气产率。

有研究通过催化剂的机械压制实验,发现催化剂的堆积密度越高,孔容越小,甲烷转化率越低,催化剂寿命越短,氢气产率越低。这说明在这种形成固体炭产品的裂解过程中,氢气的产率受固态结构与催化剂结构的影响。据此,又提出原位 CO_2 强化 MgO 型催化剂的甲烷裂解制氢工艺。CO_2 能够与 MgO 载体形成 $MgCO_3$,二者的晶体结构相差很大。$MgCO_3$ 在高温反应环境中又会分解生成 MgO。这种结合与分解的过程不断重复,导致 MgO 载体相(主体)发生相分离,而不断粉化,暴露出大量新鲜的催化剂活性位,从而提高了催化剂活性与氢气收率。

根据上述反应过程中晶体结构不同的现象,可以直接发展出相分离技术制备该类催化剂。在 MgO 载体制备过程中,直接引入少量氧化铝组分。MgO 与 Al_2O_3 形成尖晶石相,MgO 与 Al_2O_3 的晶格不匹配,产生应力效应,可以有效地破碎 MgO 主体相,得到比表面积与活性均增大的催化剂。

4. 产氢效率与过程强化

催化剂的利用率是产氢过程的重要指标,且氢的生成与碳纳米管的生长倍率成正比关系。通常采用质量收率,即实际获得的产品质量占加入反应器的原料质量的百分数,来衡量催化剂的利用效率。利用极少的镍基催化剂(<0.1g)在 600℃左右裂解甲烷分别获得 $200\sim600$ 倍的碳纳米管质量收率,以及 $60\sim200$ 倍的氢气质量收率,但该过程耗时近百小时,过程效率较低。

甲烷转化率也是关键指标,甲烷转化率高,即使催化剂寿命较短,产氢效率也会大幅度提高。在利用金属负载催化剂裂解甲烷的过程中，实际上所生成的碳产品并非纯石墨态，实际转化率与以石墨态为最终产品的热力学预测值存在偏差。由于催化剂高温失活等因素，甲烷实际转化率没有超过 88% 的案例报道。理想状态是催化剂既具有良好的纳米活性（甲烷转化率高），又具有稳定性，则可以达到长久产氢的目的。这时，催化剂载体对于金属的锚定作用非常重要，而载体的锚定作用又与其热稳定性与比表面积成正比。当载体也进入纳米级后，金属或金属氧化物的熔点均会显著下降，但在惰性气氛下，碳的化学稳定性要高得多。采用原位转变方法制备催化剂载体，即先用价廉的铁基催化剂，在较低温生成碳纳米管，纳米铁颗粒会被析出的碳从氧化铝载体上分离，而位于碳纳米管的顶部，但结合力比较强，形成一种新的金属—碳新型载体结构的催化剂。由于碳纳米管层的包覆作用，纳米铁颗粒无法聚合，具有更加优异的活性，从而提高甲烷裂解效率，在 900℃ 下甲烷的转化率可以高达 90% 以上，生成的氢气在气体产品中占比超过 95%（体积分数）。

　　利用过程耦合打破反应平衡，则是更加常见的过程强化方法。在实验室规模的反应器内，在 723K 利用铁氧化物或铟氧化物消耗氢气与甲烷裂解过程耦合的方法，来打破甲烷转化的反应平衡，具体反应式为：

$$CH_4 \rightleftharpoons C+2H_2 \tag{3-27}$$

$$3H_2+In_2O_3 \rightleftharpoons 2In+3H_2O \tag{3-28}$$

$$4H_2+Fe_3O_4 \rightleftharpoons 3Fe+4H_2O \tag{3-29}$$

　　由于氢气与金属氧化物之间的可逆反应，过程中生成的氢气可被迅速转化为水，从而打破甲烷裂解反应的热力学平衡，甲烷的转化率由原来的 48% 升至 100%。在另一个循环中（两种）金属与水在 673K 反应，可实现氢气的释放。由于转化过程不能在有氧气氛中进行，过程的密封及切换程序比较复杂。

　　在甲烷裂解过程中，催化剂存在着氢还原与碳还原两种机制。研究表明，将金属负载型催化剂的前体——金属氧化物态催化剂直接用于裂解甲烷裂解制备氢气过程，发现铁、钴、镍催化剂，均存在着甲烷裂解过程的总包活化能显著下降，甲烷转化率升高 3~5 倍，氢气产率升高 3~5 倍的现象。研究后确认，是金属氧化物的原位还原过程放出热量，打破了甲烷裂解（吸热）反应的平衡，提高了过程效率。

　　但金属氧化物催化剂携带晶格氧的化学链（chemical looping）方法，不可避免地会将少量氧带入体系，进而生成少量 CO，与氢气很难分离。根据热能耦合原理（JPCC，2008），可将其他裂解过程放热的烃与甲烷混合进料，同时裂解。常用烃类裂解时为放热反应，这些反应具有生成物活泼或反应物惰性的特点。主要包括：

$$C_2H_4 \xrightarrow{\text{催化剂}} 2C+2H_2, \Delta H_{298K}=-52.26\text{kJ/mol} \tag{3-30}$$

$$C_2H_2 \xrightarrow{\text{催化剂}} 2C+H_2, \Delta H_{298K}=-226.73\text{kJ/mol} \tag{3-31}$$

$$C_3H_6 \xrightarrow{\text{催化剂}} 3C+3H_2, \Delta H_{298K}=-20.42\text{kJ/mol} \tag{3-32}$$

$$C_6H_6 \xrightarrow{\text{催化剂}} 6C+3H_2, \Delta H_{298K}=-52\text{kJ/mol} \tag{3-33}$$

　　利用乙烯与乙炔的模型探针反应，证明了乙烯或乙炔裂解的放热反应能够与甲烷裂解的吸热反应同步进行，产生协同效应。而不会发生乙烯或乙炔先裂解，产生大量氢气（那样会限制甲烷的裂解）。通过在线质谱分析发现，在反应的初期 30s 内，乙烯或乙炔会与甲烷等共裂解，生成芳烃类中间体，而不是快速裂解，直接生成碳与氢气。芳烃中间体的超化学稳定性特征及其部分储氢特性，才使过程产生协同效应。这个工作，为使用其他含甲烷、乙烷、乙炔或乙烯的廉价碳源（比如大量的石油炼厂干气或煤化工的干气）提供了条件，有利于进一步降低制氢成本。

3.5 天然气自热重整制氢

3.5.1 天然气自热重整制氢原理

天然气自热重整反应（Auto Thermal Reforming，ATR）是将吸热的水蒸气重整和放热的部分氧化反应耦合到一起，并在一定条件下实现热量的自平衡。ATR 反应结合了水蒸气重整及部分氧化反应的优点。在自热重整反应中，天然气同时与水蒸气及空气反应，发生重整反应和部分氧化反应，生产富氢合成气。当天然气、空气及水蒸气配比适当时，部分氧化反应正好提供水蒸气重整反应所需的热量，所以反应不需要外部加热，这样既能限制反应器内的高温，同时又能降低体系能耗，提高整体效率和制氢成本。自热重整的反应温度一般在 600~800℃，要求调节好氧气、水蒸气和燃料之间的比例，以便最大限度地提高反应效率，同时抑制积炭。与常规的水蒸气重整制氢相比，ATR 工艺控速步骤依然是反应过程中的慢速水蒸气重整反应，其装置投资高、生产能力较低。其总的反应式为：

$$CH_4 + xO_2 + (2-2x)H_2O \rightarrow CO_2 + (4-2x)H_2 \tag{3-34}$$

式中，x——O_2 与 CH_4 的摩尔比。

通过方程式可以看出，减小 x 值，相当于增加 H_2O 的量，H_2 的产量将增加，H_2O/CH_4 和 O_2/CH_4 等比例参数对此反应过程的动力学平衡有着重要的影响，是关键参数。最佳的 H_2O/CH_4 和 O_2/CH_4，可以得到最多的 H_2 量、最少的 CO 量和碳沉积量。

在 H_2O/CH_4 和 O_2/CH_4 等比例确定的情况下，绝热反应温度达到平衡并保持稳定，此时反应合成气的组成基本稳定，所以为了获得最佳工艺条件，得到最多产出氢气，减少 CO 和积炭，可预先通过计算得出最佳水蒸气、氧气组成的原料气，同时确定反应体系温度。一般来说，O_2/CH_4 比率增加，氧气的相对含量高，氧化反应放出较多热量，反应温度高，有利于水蒸气重整进行，但是若 O_2/CH_4 过大，氧气量的增加只能使 CH_4 被深度氧化，结果升高温度反而对氢不利，因为没有充足的甲烷重整。Chan 等通过模拟计算出最佳的值是空气燃料比 3.5 以及水蒸气燃料比 2.5~4，系统温度可达 820~871K，此时氢气产量可达 2.19~2.22$molH_2 \cdot (molCH_4)^{-1}$，合成气中残留甲烷体积分数只有 0.55%~0.96%，积炭少至可忽略。

3.5.2 天然气自热重整制氢工艺

反应催化剂一般使用贵金属 Rh、Ru 等或 Ni、Co 基催化剂，载体包括 Al_2O_3、SiO_2、ZrO_2、MgO、TiO_2、沸石，催化剂活性与金属与载体间相互作用强度有关。Ni 基催化剂中加入一元或多元 La、Zr、Mg 和 Ca 氧化物，金属氧化物 CeO_2，贵金属 Pt、Pd、Ru 等做助剂，能提高活性组分的分散度，改善催化剂选择性和稳定性、抗积炭能力。多元催化剂

Ni/Ce-ZrO$_2$/θ-Al$_2$O$_3$ 无论用于水蒸气重整还是自热重整，或是用于其他液态、气态化石原料重整，催化剂表现出高活性、高稳定性和选择性，可以在高空速（6000h^{-1}）、低 H$_2$O/CH$_4$ 比（1.0）的情况下使用，Ni 的最佳载量比为 12%。采用 Ni/Ce-ZrO$_2$ 包覆廉价的/θ-Al$_2$O$_3$ 技术，不仅能降低成本，还可避免 Ni 与氧化铝载体反应生成惰性 NiAl$_2$O$_4$，使催化剂失活。

两段式 ATR 反应器是将氧化室和转化室分开，上部是一个燃烧室，甲烷部分氧化提供热量给下部水蒸气和甲烷重整。一体式反应器中，可以事先发生部分氧化反应，使用分段式催化剂，前端氧化催化剂，氧化反应速度快，急剧放热升温，提供后段填有重整催化剂发生水蒸气重整所需要的热量；而全混式催化剂的使用，是将一定比例的催化剂均匀混合成整体结构，反应进行中同时发生氧化和重整反应。如果变固定床为流化床构造，可以得到均匀反应气氛，方便散热，消除热点问题，对减少积炭也有利。

3.6　天然气制氢技术的优缺点

天然气水蒸气转化制氢技术需要将多种气体混合到一起，包括天然气、氧气含量较高的气体以及工艺产生的水蒸气等，对混合气体进行预热处理，随后进入加热炉内进行脱硫处理并充分混合后，导入含有大量的催化剂的换热反应器内发生反应。在实际生产过程中，换热反应器内的反应类型控制较为困难，部分气体甲烷含量为 30%（体积分数）左右，通过与氧气含量较高的气体进行混合，在二段炉体内发生燃烧，天然气中的氢气在浓度较高的氧气作用下产生大量的热量，为一二段炉提供热能，同时出口部分的甲烷发生转化反应。天然气水蒸气转化制氢主要技术特征包括以下几点。

1. 减少燃气用量

在反应过程中，二段反应所产生的剩余热量能够为一段反应所利用，从而可以避免再次进行加热，促进了热量的充分利用，保证了反应过程中整体加热性能的稳定性，可以在工艺流程中大量地减少燃气的使用量，降低工艺的投入成本，保障经济效益。

2. 转化炉具有较小的体积

在天然气水蒸气进行氢气制造工艺开展的过程中，不需要对辐射面积提出过高的要求，从而减少了设备建造体积，工艺流程对引风机和对流设备的体积没有很高的要求，因此转化炉整体体积较小，可以满足不同区域不同条件的生产需求。

3. 控制过程较为简单

在天然气水蒸气进行制氢转化过程中，内部反应过程较为繁琐，但控制过程较为简单，难度较低，设备开始与停止过程迅速且容易操作。

4. 减小炉管壁厚度，降低低温段材质

在一段转化反应进行过程中，二段炉出口的热量可以得到充分利用，热力气体温度的增加可以保证反应炉内外压力得到稳定控制，因此，对转化炉的炉管的设计工艺水平要求不高，炉管壁的厚度需求较小，尤其是低温段对于材质的要求较低，因此，该工艺在成本控制方面的优势较大。

5. 二段转化所需要的高浓度氧气，可以通过 PSA 装置获得

天然气水蒸气转化制氢过程中，需要大量氧气含量较高的气体，该部分气体可以通过

PSA 装置获取，也可以充分利用空气设备。该工艺流程中，PSA 设备进行氧气制造的优点较为明显，在能耗和控制方面具有较强的优势，工艺所需的投资成本较低。此外，二段转化过程中，利用 PSA 制氧装置可以制造出工艺流程所需的大量氧气，生产环节衔接紧密，设备对于工人的能力要求较低，对工人的操作水平要求不高。

6. 利用套管式换热器

通过对我国当前的换热器结构进行分析，主要分为容器换热设备和套管换热设备两种类型。容器换热设备主要利用浮头类型，壳体的膨胀差比较大。套管换热设备利用套管，解决了高温压力容器的弊端，以及高温情况的密封问题，通过在套管内安装螺旋翅片设备进行传热，不仅能提升换热效果，还能简化结构，增加设备的稳定性，满足不同生产需求。

7. 安全措施

在二段转化炉内配置富氧混合燃烧器，对操作水平具有较高要求，因此深入研究设备设计，加强设备的管理和维护，保证设备使用的安全性。

天然气裂解制氢具有许多优点，可归纳如下：

1）产生的氢气纯度高，不含 CO 等杂质，适合供应质子交换膜燃料电池。

2）过程的吸热量远低于甲烷水蒸气重整过程。

3）产品附加值高。

3.7　天然气制氢技术的经济性

绿色发展越来越成为全球共同的发展理念，天然气制氢工艺目前在世界上占比第一。我国天然气制氢位于煤制氢后列第二。我国天然气制氢始于 20 世纪 70 年代，主要为合成氨提供氢气。随着催化剂品质的提高、工艺流程的改进、控制水平的提高、设备形式和结构的优化，天然气制氢工艺的可靠性和安全性都得到了保证。其不足之处是原料利用率低，工艺复杂，操作条件苛刻，并且对设计制造、控制水平和对操作人员的理论水平及操作技能均要求高。天然气制氢工艺生产 $1m^3$ 氢气需消耗（0℃，101.325kPa）：原料天然气 $0.48m^3$，燃料天然气 $0.12m^3$，锅炉给水 1.7kg，电 0.2kW·h。天然气制氢适合大规模生产。

天然气制氢成本测算结果见表 3-2。

表 3-2　天然气制氢成本测算结果

项目	天然气制氢成本/（元/m³）
天然气	0.838
辅助材料	0.014
燃料动力能耗	0.184
电	0.020
循环水	0.002
新鲜水	0.001

（续）

项目	天然气制氢成本/（元/m³）
脱盐水	0.022
3.5MPa 水蒸气	−0.018
1.0MPa 水蒸气	0
燃料气	0.157
直接工资	0.012
制造费用	0.065
财务及管理费	0.029
体积成本（标准状态）	1.141
折吨成本	12831 元/吨

天然气制氢成本构成如图 3-9 所示。从图中可以看出，天然气制氢成本主要由原料天然气、燃料气和制造成本构成，其中天然气价格是最主要因素，占比 73.4%。燃料气是成本的第二因素，占比 13.7%。按照总投资 70% 融资考虑，制造及财务费将占成本构成的 9.3%。除燃料气外的燃料动力能耗占比 2.4%，其他费用占比 1.2%。

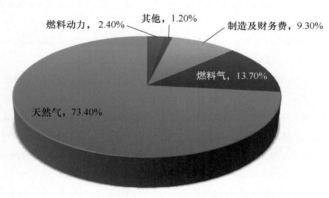

图 3-9　天然气制氢成本构成

思考题

1. 简述天然气制氢原理。
2. 简述天然气水蒸气重整制氢的特点。
3. 简述天然气部分氧化制氢的原理及工艺过程。
4. 简述天然气高温裂解制氢的原理及工艺特点。
5. 请思考天然气高温裂解制氢工艺未来将向什么方向发展？
6. 简述天然气自热重整制氢的原理及工艺特点。
7. 在天然气制氢工艺中，哪种工艺在目前工业上应用较多，为什么？
8. 结合所学，分析天然气制氢工艺的特点。

参 考 文 献

[1] 毛宗强，毛志明，余皓. 制氢工艺与技术 [M]. 北京：化学工业出版社，2018.

[2] 张悦，余茂强. 大型天然气水蒸气重整制氢装置常用炉型及发展趋势 [J]. 上海化工，2021，46 (3)：74-78.

[3] 许玉琴，谢晓峰，王兆海，等. 固定式质子交换膜燃料电池的天然气重整制氢 [J]. 化工学报，2004 (S1)：26-33.

[4] 汪洋. 高效便捷的氢能 [M]. 兰州：甘肃科学技术出版社，2014.

[5] 王斯晗，张瑀健. 天然气蒸汽重整制氢技术研究现状 [J]. 工业催化，2016，24 (4)：26-30.

[6] 樊栓狮，王燕鸿，等. 天然气利用新技术 [M]. 北京：化学工业出版社，2014.

[7] 吴素芳. 氢能与制氢技术 [M]. 杭州：浙江大学出版社，2021.

[8] 吴朝玲，李永涛等. 氢气储存和输运 [M]. 北京：化学工业出版社，2021.

[9] 丁福臣，易玉峰. 制氢储氢技术 [M]. 北京：化学工业出版社，2006.

[10] 李星国. 氢与氢能 [M]. 北京：机械工业出版社，2012.

[11] 张彩丽. 煤制氢与天然气制氢成本分析及发展建议 [J]. 石油炼制与化工，2018，49 (1)：94-98.

[12] 张艳峰. 天然气蒸汽转化制氢工艺研究 [J]. 化工设计通讯，2021，47 (5)：10-11.

[13] 任哲. 浅谈天然气制氢工艺的现状及未来发展 [J]. 化工管理，2019 (33)：176-177.

[14] MURADOV N, CHEN Z, SMITH F. Fossil hydrogen with reduced CO_2 emission：Modeling thermocatalytic decomposition of methane in a fluidized bed of carbon particles [J]. Int. J. Hydrogen Energy, 2005, 30 (10)：l149-1158.

[15] MATSUKATA M, MATSUSHITA T, UEYAMA K. A circulating fluidized bed CH_4 reformer：Performance of supported Ni catalysts [J]. Energy & Fuels, 1995, 9 (5)：822-828.

[16] PUGSLEY T S, MALCUS S. Partial oxidation of methane in a circulating fluidized—bed catalytic reactor [J] 1. Ind. Eng. Chem. Res., 1997, 36 (I1)：4567-4572.

[17] QIAN W Z, LIU T, WANG Z W, et a1. Production of hydrogen and carbon nanotubes from methane decomposition in a two-stage fluidized bed reactor [J]. Applied Catalysis：General, 2004, 260 (2)：223-228.

[18] WANG S Y, YIN L J, LU H L, et a1. Simulation of efect of catalytic particle clustering on methan e steam reforming in a circulating fluidized bed reformer [J]. Chem. Eng., 2008, 139 (1)：136-146.

[19] 商欢涛，徐广坡. 天然气制氢工艺及成本分析 [J]. 云南化工，2018，45 (8)：22-23.

[20] 常宏岗. 天然气制氢技术及经济性分析 [J]. 石油与天然气化工，2021，50 (4)：53-57.

第4章 石油制氢

4.1 石油制氢原料

通常不直接用石油制氢，而是用石油初步裂解后的产品，如石脑油、重油、石油焦以及炼厂干气制氢。

石脑油（naphtha）是蒸馏石油的产品之一，是以原油或其他原料加工生产的用于化工原料的轻质油，又称粗汽油，一般含烷烃 55.4%、单环烷烃 30.3%、双环烷烃 2.4%、烷基苯 11.7%、苯 0.1%、茚满和萘满 0.1%；平均分子量约 114，密度约为 0.76g/cm³，爆炸极限 1.2%~6.0%。石脑油主要用作重整和化工原料，根据用途不同而采取各种不同的馏程，我国规定石脑油馏程为初馏点至 220℃左右。70~145℃馏分的石脑油称轻石脑油，用作生产芳烃的重整原料；70~180℃馏分的石脑油称重石脑油，用于生产高辛烷值汽油。近年石脑油等轻油价格上涨幅度很大，使得以石脑油为原料的制氢成本变大，因而石脑油制氢产量减少。

石油焦（petroleum coke）是重油再经热裂解而成的产品。石油焦为形状、尺寸都不规则的黑色多孔颗粒或块状。其中质量分数 80%以上为碳，其余的为氢、氧、氮、硫和金属元素。

石油焦的分类有如下多种方法。

1）按焦化方法的不同可分为平炉焦、釜式焦、延迟焦、流化焦 4 种，目前中国大量生产的是延迟焦。

2）按热处理温度可分为生焦和煅烧焦，前者由延迟焦化所得，挥发分大，机械强度低。煅烧焦是煅烧生焦的产品。中国多数炼油厂只生产生焦，煅烧作业多在炭素厂内进行。

3）按硫分的高低可分为高硫焦、中硫焦和低硫焦，具体标准可见《中国延迟石油焦质量标准》（SH0527—92）石油焦的硫含量主要取决于原料油的含硫量。

4）按石油焦外观形态及性能的不同可分为海绵状焦、蜂窝状焦和针状焦。针状焦有明显的针状结构和纤维纹理，是以芳烃含量高、非烃杂质含量较少的渣油制得，又称优质焦。

海绵焦又称普通焦，含硫高，含水率高。蜂窝状焦一般是由高硫、高沥青质渣油生产，形状呈圆球形，多用于发电、水泥等工业燃料。

通常，石油焦可用于制石墨、冶炼和化工等工业。水泥工业是世界上石油焦最大用户，其消耗量约占石油焦市场份额的 40%；其次大约 22% 的石油焦用来生产炼铝用预焙阳极或炼钢用石墨电极。近年来，氢在炼油厂越来越受到重视，石油焦成为现实的制氢原料。

重油是原油提取汽油、柴油后的剩余重质油，其特点是分子量大、黏度高。重油的相对密度一般在 0.82～0.95，热值在 10000～11000kcal$^{\ominus}$/kg。其成分主要是烃，另外含有部分的硫及微量的无机化合物。重油中的可燃成分较多，碳质量分数 86%～89%，氢质量分数 10%～12%，其余成分氮、氧、硫等很少。重油的发热量很高，一般为 40000～42000kJ/kg。它的燃烧温度高，火焰的辐射能力强，是钢铁生产的优质燃料。

炼厂干气是指炼油厂炼油过程中如重油催化裂化、热裂化、延迟焦化等，产生并回收的非冷凝气体（也称蒸馏气），主要成分为乙烯、丙烯和甲烷、乙烷、丙烷、丁烷等，主要用作燃料和化工原料。其中催化裂化产生的干气量较大，一般占原油加工量的 4%～5%。催化裂化干气的主要成分是氢气（体积分数 25%～40%）和乙烯（体积分数 10%～20%），延迟焦化干气的主要成分是甲烷和乙烷。

4.2 石油制氢工艺简介

4.2.1 石脑油制氢

石脑油制氢主要工艺过程有石脑油脱硫转化、CO 变换、PSA，其工艺流程与天然气制氢相近，工艺流程如图 4-1 所示。

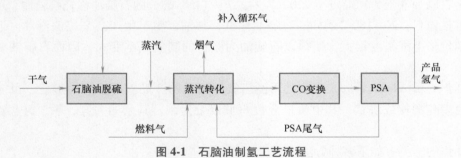

图 4-1 石脑油制氢工艺流程

4.2.2 重油制氢

重油与水蒸气及氧气反应制得含氢气体产物。部分重油燃烧提供转化吸热反应所需热量及一定的反应温度。气体产物主要组成：氢气 46%（体积分数，余同），一氧化碳 46%，二氧化碳 6%。该法生产的氢气产物成本中，原料费约占 1/3，由于重油价格较低，我国建有

$\ominus$ 1kcal = 4.18kJ

大型重油部分氧化法制氢装置，用于制取合成氨的氢气原料。

重油部分氧化包括碳氢化合物与氧气、水蒸气反应生成氢气和碳氧化物，典型的部分氧化反应如下：

$$C_nH_m + \frac{n}{2}O_2 \rightarrow nCO + \frac{m}{2}H_2 \tag{4-1}$$

$$C_nH_m + nH_2O \rightarrow nCO + \left(n + \frac{m}{2}\right)H_2 \tag{4-2}$$

$$H_2O + CO \rightarrow CO_2 + H_2 \tag{4-3}$$

该过程在一定的压力下进行，是否采用催化剂取决于所选原料与工艺过程。催化部分氧化通常是以甲烷或石脑油为主的低碳烃为原料，而非催化部分氧化则以重油为原料，反应温度在 $1150 \sim 1315$℃。与甲烷相比，重油的碳氢比较高，因此重油部分氧化制氢的氢气主要是来自水蒸气和一氧化碳，其中以水蒸气贡献为主。与天然气水蒸气转化制氢气相比，重油部分氧化需要空分设备来制备纯氧。

重质油气化路线与煤气化路线相似，有空分制氧、油气化生产合成气、耐硫变换将 CO 变为 $H_2 + CO_m$、低温甲醇洗去杂、PSA 提纯氢气，工艺流程如图 4-2 所示。

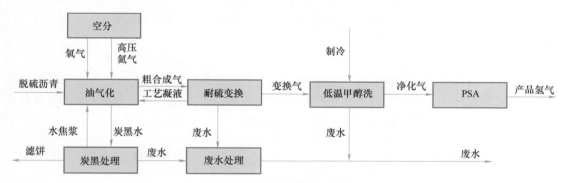

图 4-2　重油制氢工艺流程

4.2.3　石油焦制氢

随着原油品质重质化、劣质化和资源枯竭等一系列严重问题进一步凸显，炼油企业面临下列问题。

1）炼油厂加工劣质原油（高硫含量、高密度、高酸值）的数量和比例逐年攀升，高硫石油焦产量也同步上升。

2）随着劣质原油加工量增大和对油品质量要求不断提升，石油加工过程中大量采用各种临氢工艺，炼油厂氢气耗量和加工成本也随之大幅度增加。

3）副产品高硫石油焦产量上升，产品的销售压力增加，急需开拓更为经济和有效的高硫石油焦的加工工艺。

石油焦具有高热值、低挥发分、低灰分的特点，其品质接近无烟煤，高硫焦价格低廉，是制氢和多联产石化产品的理想原料。采用炼油厂副产的廉价高硫石油焦为原料，制取炼油过程所需的氢气，实现大幅度降低工业氢气的生产成本，提高企业的整体经济效益，增强企业的抗风险能力。同时，制氢过程中通过硫回收得到副产品硫，达到效益和环保兼收的目的。

高硫石油焦制氢主要工艺流程如图4-3所示。

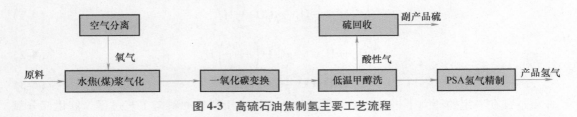

图 4-3　高硫石油焦制氢主要工艺流程

原料（石油焦+煤）及石灰石（调整灰熔点）经过料浆制备单元制成合格料浆后，与空气装置提供的氧气一起进入气化单元的气化炉。原料料浆在气化炉内发生部分氧化反应得到粗合成气，粗合成气主要组成为氢气和一氧化碳，在气化单元粗合成气经急冷和洗涤除尘后，进入一氧化碳变换单元发生变换反应，反应使一氧化碳变换为氢气，经过废热回收及冷却洗涤后进入低温甲醇洗单元，变换气在低温甲醇洗单元脱除所含的硫（主要以硫化氢形式存在）和二氧化碳后，进入 PSA 系统进行精制，得到合格纯度的工业氢气产品后外送；低温甲醇洗单元产生的富含硫化氢的酸性气体在硫回收单元得到副产品硫。

4.2.4　炼厂干气制氢

炼厂干气制氢主要是轻烃水蒸气重整加工变压吸附分离法，目前国内已有多家公司采用这种方法来制取氢气。干气制氢工艺流程包括干气压缩加氢脱硫、干气水蒸气转化、CO 变换、PSA，干气制氢工艺流程与天然气制氢非常相似，如图4-4所示。

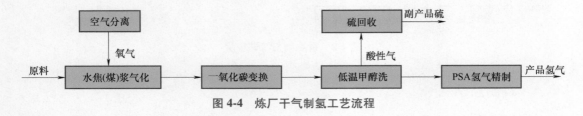

图 4-4　炼厂干气制氢工艺流程

一般来说，制氢原料越轻，氢回收率越高。干气除含有氢外，其他组分主要是甲烷和C2、C3 烃，都是很好的制氢原料。但由于干气中烯烃较高，若直接进行加氢反应，则反应过程温升较大，通常绝热床反应器很难满足要求。因此，为了使整个反应顺利进行，需控制加氢反应器人口原料的烯烃含量，或采用取热措施来控制加氢反应过程的温升。具体有以下几种方法。

1. 混合进料法

用不含或仅含少量烯烃的原料与含烯烃量高的干气混合，使混合原料中的烯烃体积分数小于 6.5%，以满足加氢催化剂的性能要求。

2. 循环取热法

将加氢反应器出口的反应产物经压缩冷却后返回到反应器入口，从而有效地控制反应过程温升。例如，安庆石油化工总厂用催化干气取代部分轻油作合成氨原料，取得了较好的使用效果。

3. 直接换热法

要充分利用加氢过程的反应热，可采用等温列管式反应器直接取走反应热。反应器列管内装催化剂，管外为饱和水发生水蒸气用于吸收反应热，反应温度一般为 260~300℃。该工艺由于不受烯烃含量的限制，具有原料适应性强、操作弹性大等优点，可以处理烯烃体积分数达 20% 的炼厂气。

思 考 题

1. 简述石油制氢的原理。
2. 简述石脑油制氢的工艺流程。
3. 简述重油制氢的工艺技术。
4. 简述石油焦制氢的工艺技术。
5. 结合所学，分析石油制氢的优缺点。

参 考 文 献

[1] 毛宗强，毛志明，余皓. 制氢工艺与技术 [M]. 北京：化学工业出版社，2018.
[2] 翟国华，王辅臣等. 石油焦化气制氢技术 [M]. 北京：中国石化出版社，2014.
[3] 马文杰，尹晓晖. 炼油厂制氢技术路线选择 [J]. 洁净煤技术，2016，22（5）：64-69.
[4] 黄楚函. 炼厂干气的回收和利用技术 [J]. 石化技术，2016，23（9）：23+25.

第 5 章 电解水制氢

电解水制氢是应用比较广泛的制氢方法之一，电解水产生气体的现象最早是在 1789 年被发现的，自此开启了电解水制氢的发展历程。1800 年，Nicholson 和 Carlisle 成功发现电解水效果，并确定其气状产物为 H_2 和 O_2。到 1902 年，全球已经有 400 多个工业电解槽，总产氢容量为 $10000m^3H_2 \cdot h^{-1}$；1948 年，Zdansk 和 Lonza 建造了第一台增压式水电解槽。随着能源结构的调整，氢能的重要地位逐渐显现，电解水制氢技术也迅速发展，电解水制氢被认为是未来制氢的重要发展方向，特别是利用可再生能源电解水制氢。目前，国内外的电解水制氢技术已比较成熟，设备已经成套化和系统化。

目前，电解水制氢只占氢气总量的约 4%，这是由于在制氢成本中，尽管以水为原料，原料价格比较便宜，但是这个过程所耗费的电量较高，一般制得每标准立方米氢气需要消耗不低于 $4kW \cdot h$ 的电量。为了提高制氢的效率，电解通常在高压环境下进行，采用的压力多为 $3.0 \sim 3.5MPa$，因此利用这种方法制备氢气很不经济，从而限制了电解水制氢的大规模应用。虽然近年来对电解水制氢技术进行了许多改进，但工业化的电解水制氢成本仍然高于以化石燃料为原料的制氢成本。

电解水制氢的优点是工艺比较简单，完全自动化，操作方便；得到的氢气产品纯度高，一般可达到 99%~99.99%，并且由于主要杂质是 H_2O 和 O_2，无污染，特别适合质子交换膜燃料电池使用。加压水电解制氢技术的开发成功，减少了电解槽的体积，降低了能耗，成为电解水制氢的趋势。

电解水制氢的基本原理是在阴极上发生还原反应析出氢气和在阳极上发生氧化反应析出氧气的反应。水溶液的导电是溶液中带电的离子在电场中移动的结果，其电导率（电阻率的倒数）的大小与水溶液中的离子浓度有关。在电解水时，由于纯水的电离度很小，导电能力很差，属于弱电解质。所以需要加入一些强电解质，以增加溶液的导电能力，使水能够顺利地电解成为氢气和氧气。

在电解质水溶液中通入直流电时，分解出的物质与原来的电解质完全没有关系，被分解的物质是溶剂水，而电解质仍然留在水中。例如，氢氧化钠、氢氧化钾等均属于这类电解质。水电解时的反应式，根据电解液的性质不同而有所不同。

电解水制氢已经实现工业化。电解槽是电解水制氢设备的核心部分，如图 5-1 所示。它由电解池内的电解质、隔膜及沉浸在电解液中成对的电极组成。电解槽先后经历了几次更新换代：第一代是水平式和立式石墨阳极石棉隔膜槽；第二代是金属阳极石棉隔膜电解槽；第三代是离子交换膜电解槽。电解槽的发展过程是电极和隔膜材料改善，以及电槽结构改进的过程。在目前的电解水制氢工艺中主要采用碱性水电解制氢、质子交换膜水电解制氢（PEM）和高温固体氧化物水电解制氢三类。

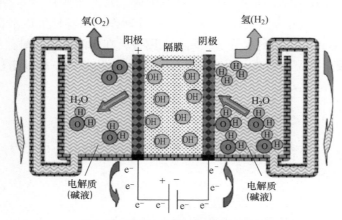

图 5-1　碱性水电解制氢原理示意图

5.1　碱性水电解制氢工艺

碱性水电解制氢（AEC）是最成熟的制氢方法之一，其应用广泛但总体产能规模不高，主要原因就在于成本远远超过化石能源制氢。目前，国内碱性槽在水电解制氢行业中占主导地位，技术相对成熟，设备造价低，是当前利用谷电或可再生能源制氢储能的主要技术手段，但存在能耗较大、对电流波动性响应速度慢等缺点。

隔膜对碱性水电解槽的能效等综合性能具有重要影响，目前我国普遍使用非石棉基的PPS 布，价格低廉，但隔气性差、能耗偏高。而欧美国家在二三十年前就已经使用复合隔膜，这种隔膜在隔气性和离子电阻上具有明显优势，但成本较高。近几年来，国内成功开发新型无机—有机复合隔膜（简称无机隔膜），由陶瓷粉体和支撑体组成，最大宽幅可达 2m，可以满足大型电解槽尺寸需求。目前，该产品已经在多家制氢装备厂家投入使用，预计未来随着无机隔膜大批量生产，其成本将会进一步降低 30%~40%。

5.1.1　碱性水电解制氢原理

碱性水电解技术原理如图 5-2 所示，以 KOH、NaOH 水溶液为电解质，在直流电的作用下将水电解，水分子在电极上发生电化学反应，阳极上放出氧气，阴极上放

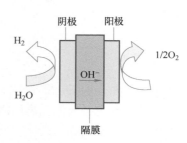

图 5-2　碱性水电解制氢技术示意图

出氢气。碱性水溶液的电解过程电极上发生的电化学反应如下：

阴极：
$$2H_2O+2e^- \rightarrow H_2 \uparrow +2OH^- \tag{5-1}$$

阳极：
$$2OH^- -2e^- \rightarrow \frac{1}{2}O_2 \uparrow +H_2O \tag{5-2}$$

总反应：
$$H_2O \rightarrow H_2 \uparrow +\frac{1}{2}O_2 \uparrow \tag{5-3}$$

其反应机理以 KOH 为例说明：KOH 是强电解质，易溶于水产生 K^+ 和 OH^-，水是一种弱电解质，难以电离，但 K^+ 附近的水分子在 K^+ 的计划作用下容易生成水合钾离子。在直流电作用下，K^+ 带着有极性方向的水分子一同迁向阴极，在水溶液中同时存在 H^+ 和 K^+ 时，因电位差 H^+ 将在阴极上首先得到电子而变成氢气，而 K^+ 则仍将留在溶液中；在阳极上因为没有别的负离子存在，因此 OH^- 先放电析出氧。

5.1.2　电解水制氢工艺流程

电解水制氢工艺经过多年的发展，其工艺流程经过不断改进和完善，已经很稳定和成熟。电解水制氢的工艺流程如图 5-3 所示。

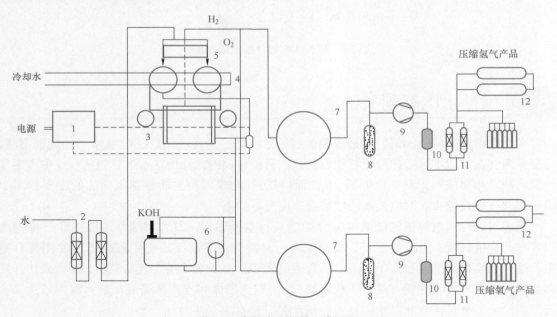

图 5-3　电解水制氢的工艺流程

1—整流装置　2—离子净化器　3—电解槽　4—气体分离及冷却设备　5—气体洗涤塔　6—电解液储罐
7—气罐　8—过滤器　9—压缩机　10—气体精制塔　11—干燥装置　12—高压氢气氧气储存及装瓶

如图 5-3 所示，在电解槽中经过电解产生的氢气或氧气连同碱液分别进入氢气或氧气分离器。在分离器中经气液分离后得到的碱液，经冷却器冷却，再经碱液过滤器过滤，除去碱液中因冷却而析出的固体杂质，然后返回电解槽继续进行电解。电解出来的氢气或氧气经气体分离器分离、气体冷却器冷却降温，再经捕集器除去夹带的水分，送纯化或输送到使用场所。

以上工艺中的碱液循环方式可分为自然循环和强制循环两类。自然循环主要是利用系统中液位的高低差和碱液的温差来实现的。强制循环主要是用碱液泵作动力来推动碱液循环,其循环强度可由人工来调节。

5.1.3　电解水制氢工艺的主要设备

在电解水制氢过程中,除了直流电源和控制仪表外,主要工艺设备有电解槽、氢气分离器、氧气分离器、碱液冷却器、碱液过滤器、气体冷却器等,如图 5-4 所示。其中,分离器和气体冷却器有立式和卧式两种。碱液冷却器有置于分离器内的,也有单独设置的。置于分离器内的多为蛇管冷却器。单独设置的冷却器有列管式、蛇管式和螺旋板式等。碱液过滤器多为立式的,内置滤筒。各生产厂家生产的这些设备大同小异,没有明显的区别,差异最大的就是电解槽。

图 5-4　碱性水电解制氢主要工艺设备

5.1.4　碱性电解槽

碱性电解槽是技术最成熟、成本最低,目前应用最广泛的电解槽,近几年随着可再生能源电解制氢储能快速发展,应用规模快速增长。它现在主要存在碱液流失、腐蚀、能耗高等问题。

电解槽是制氢装置的主体设备,它的主要性能要求是:制取的氢气纯度高、能耗低、结构简单、制造维修方便且使用寿命长、材料的利用率高、价格低廉。碱性电解槽结构主要由直流电源、电解槽箱体、阴极、阳极、电解液和隔膜组成,如图 5-1 所示。通常电解液是氢氧化钾溶液(KOH),浓度为 20%～30%(质量分数);隔膜由石棉组成,主要起分离气体的作用;两个电极由金属合金组成,比如 Raney Ni、Ni-Mo 和 Ni-Cr-Fe 等,主要起电催化分解水、分别产生氢气和氧气的作用。电解槽的工作温度为 70～100℃,压力为 100～3000kPa。在阴极,两个水分子被分解为两个氢离子和两个氢氧根离子,氢离子得到电子而生成氢原子,并进一步生成氢分子(H_2),而两个氢氧根离子则在阴、阳极之间的电场力的作用下穿过多孔的横隔膜到达阳极,在阳极失去两个电子而生成一个水分子和 1/2 个氧分子。阴、阳极的反应式分别见式(5-1)和式(5-2)。

目前广泛使用的碱性电解槽结构主要有两种：单极式电解槽和双极式电解槽。这两种电解槽的结构如图 5-5 所示。

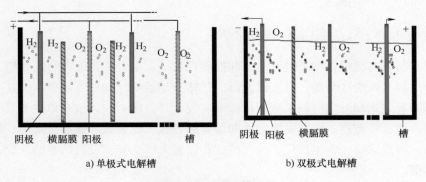

a) 单极式电解槽　　　　　b) 双极式电解槽

图 5-5　碱性电解槽结构

在单极式电解槽中电极是并联的，电解槽在大电流、低电压下操作；而在双极式电解槽中电极则是串联的，电解槽在高电压、低电流下操作。双极式电解槽的结构紧凑，减小了因电解液的电阻而引起的损失，从而提高了电解槽的效率。但另一方面，双极式电解槽也因其紧凑的结构而增大了设计的复杂性，从而导致制造成本高于单极式电解槽。鉴于目前更强调的是电解效率，现在工业用电解槽多为双极式电解槽。

为了进一步提高电解槽的电解效率，需要尽可能地减小提供给电解槽的电压，增大通过电解槽的电流。减小电压可以通过发展新的电极材料、新的横隔膜材料，以及新的电解槽结构——零间距结构（zero-gap）来实现。

由于聚合物良好的化学、机械稳定性，以及气体不易穿透等特性，逐步取代石棉材料而成为新的横隔膜材料。零间距结构则是一种新的电解槽构造。由于电极与横隔膜之间的距离为零，有效降低了内部阻抗，减少了损失，从而增大了效率。零间距结构电解槽如图 5-6 所示，多孔的电极直接贴在横隔膜的两侧。在阴极，水分子被分解成 H^+ 和氢氧根离子（OH^-），OH^- 直接通过横隔膜到达阳极，生成氧气。因为没有了传统碱性电解槽中电解液的阻抗，所以有效增大了电解槽的效率。此外，提高电解槽的效率还可以通过提高操作参数，如提高反应温度来实现，温度越高，电解液阻抗越小，效率越高。

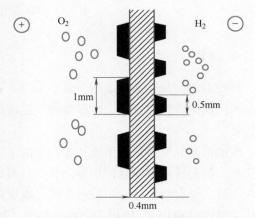

图 5-6　零间距结构电解槽

电极是发生电化学反应的场所，其结构的设计、催化剂的选择及制备工艺的优化是电解水制氢技术的关键，它对降低电极成本、提高催化剂的利用率、减少电解能耗起着极其重要的作用，同时对电解槽大规模工业化生产具有重要影响。

使用寿命和电解水能耗是评价碱性水电解电极材料的关键指标。当电流密度不大时，它们的主要影响因素是过电位；当电流密度增大后，过电位和电阻电压降成为影响能耗的主要因素。

我国碱性水电解制氢技术已经十分成熟，装置的安装总量为 1500~2000 套，多数用于电厂冷却用氢的制备，国产设备单槽规模已达国际领先水平，国内设备最大可达 1500m³/h（指 0℃、标准大气压下的氢气体积，后同），代表企业有中国船舶集团有限公司第七一八研究所、苏州竞立制氢设备有限公司、天津市大陆制氢设备有限公司等。

5.2　PEM 电解水制氢工艺

质子交换膜电解水（Proton Exchange Membrane，PEM）技术是 20 世纪 70 年代由美国通用公司率先开发成功的电解水制氢技术，目前已经进入商业化应用阶段，其技术成熟度仅次于碱性电解水技术。质子交换膜（PEM）电解水制氢装置如图 5-7 所示。

5.2.1　PEM 电解水制氢原理

与碱性水电解不同，PEM 电解水制氢技术原理如图 5-8 所示，采用致密、无孔的固体聚合物作为电解质和阴、阳极隔膜，在电解槽的阳极和阴极分别发生电化学反应为：

阳极：
$$H_2O \longrightarrow 2H^+ + \frac{1}{2}O_2 \uparrow + 2e^- \tag{5-4}$$

阴极：
$$2H^+ + 2e^- \longrightarrow H_2 \uparrow \tag{5-5}$$

图 5-7　质子交换膜（PEM）电解水制氢装置

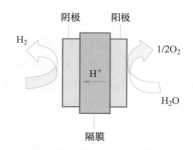

图 5-8　PEM 电解水制氢技术原理

当 PEM 电解槽工作时，水通过阳极室循环，在阳极上发生氧化反应，生成氧气；水中的氢离子在电场作用下透过质子交换膜，在阴极上与电子结合，发生还原反应，生成氢气。质子交换膜中的氢离子是通过水合氢离子形式从一个磺酸基转移到相邻的磺酸基，从而实现离子导电。

PEM 电解水制氢不需电解液，只需纯水，比碱性电解槽更加安全、可靠。使用质子交换膜作为电解质，具有良好的化学稳定性、高的质子传导性、良好的气体分离性等优点。

5.2.2　PEM 电解槽

　　PEM 电解槽将以往的电解质由一般的强碱性电解液改为固体高分子离子交换膜，它可起到对电解池阴阳极的隔膜作用，目前应用最广泛的是固态 Nafion 全氟磺酸膜。质子交换膜作为电解质，与以碱性或酸性液体作为传统电解质相比，具备效率高、机械强度好、化学稳定性高、质子传导快、气体分离性好、移动方便等优点，质子交换膜电解槽能在较高的电流下工作，而不降低其制氢效率。采用纯水电解避免了电解液对槽体的腐蚀，其安全性比碱性水电解制氢要高。电极采用具有催化活性的贵金属或者贵金属氧化物；利用 Teflon 将具有较大比表面积的催化剂黏合并压在 Nafion 膜的两面，制成膜电极。

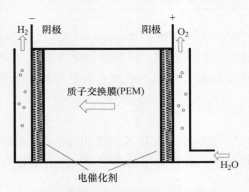

图 5-9　聚合物薄膜（PEM）电解槽

　　PEM 电解槽的工作原理如图 5-9 所示。PEM 电解槽主要是由两个电极和质子交换膜组成，质子交换膜通常与电极催化剂成一体化结构。由于较高的质子传导性，PEM 电解槽可以在较高的电流下工作，从而增大了电解效率。而且，由于质子交换膜较薄，减少了电阻损失，也提高了系统的效率。PEM 电解槽是基于离子交换技术的高效电解槽，目前，PEM 电解槽的效率可以达到 74%～79%，但由于在电极处使用铂等贵重金属，且 Nafion 也是很昂贵的材料，故 PEM 电解槽目前成本居高不下，其大规模商业化应用有赖于进一步降低成本。因此，目前的研究重点是如何降低电极中贵重金属的使用量，以及寻找其他的质子交换膜材料。聚苯并咪唑（PBI）、聚醚醚酮（PEEK）、聚砜（PS）等有机聚合物材料已经被证明具有和 Nafion 很接近的特性，但成本较低，具有潜在的应用前景；这些聚合物都具有良好的力学性能、化学稳定性和热稳定性，但不具备质子传导能力或者质子传导能力很低，通过质子酸掺杂改性，能够获得较好的质子传导能力，使其符合聚合物薄膜电解槽的技术要求。

　　PEM 电解水制氢技术是目前电制氢技术的发展热点，过去 10 年全球加速推进可再生能源 PEM 电解水制氢示范项目建设，示范项目数量和单体规模呈现逐年扩大的趋势，如图 5-10 所示。挪威 nel-Proton、加拿大康明斯及德国西门子等公司均已研制出 MW 级设备，$1 \times 10^2 kW$ 级单槽已商业化，并应用到德国、英国、挪威等多个风电制氢场中。

　　国际上 PEM 电解水制氢技术快速发展，但国内起步较晚，国内外差距明显。中国科学院大连化学物理研究所、四川（清华）全球能源互联网研究院、赛克赛斯等单位也已研制出 MW 级级 PEM 电解制氢装置，但在功率规模、电流密度、效率、可靠性等方面与国外差距较大。

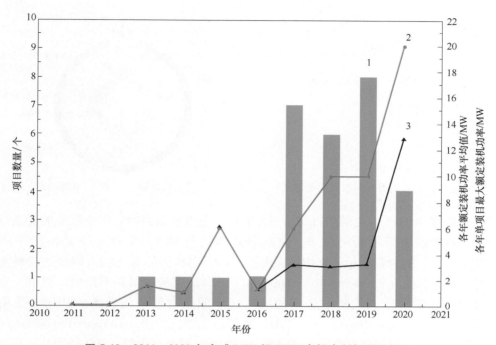

图 5-10　2011—2020 年全球 MW 级 PEM 电解水制氢项目概况

1—项目数量　2—各年单项目最大额定装机功率　3—各年额定装机功率平均值

5.3　高温固体氧化物电解水制氢工艺

20 世纪 80 年代，Dönitz 和 Erdle 首次报道固体氧化物（SOEC）电解槽在 0.3A/cm² 电流密度下的电解电压低至 1.07V，实现了 100% 法拉第效率。SOEC 电解水制氢需要在高温下运行，工作温度为 500~1000℃，电化学性能更高，具有比碱性槽和 PEM 电解槽更高的电解效率，目前仍处于实验研究阶段。

5.3.1　固体氧化物电解水制氢原理

固体氧化物电解水制氢的原理如图 5-11 所示，高温水蒸气进入固体氧化物（SOEC）电解槽后，在内部的阴极处被分解为 H^+ 和 O^{2-}，H^+ 得到电子生成 H_2，而 O^{2-} 则通过电解质到达外部的阳极，生成 O_2。具体电化学反应式为：

阳极：
$$O^{2-} \rightarrow 2e^- + \frac{1}{2}O_2 \uparrow \tag{5-6}$$

阴极：
$$H_2O + 2e^- \rightarrow H_2 \uparrow + O^{2-} \tag{5-7}$$

5.3.2　SOEC 电解槽

SOEC 电解槽从 1972 年开始发展起来，目前还处于早期发展阶段。由于该电解槽在高温下工作，部分电能由热能代替，效率很高，并且制作成本也不高，其基本原理如图 5-12 所示。

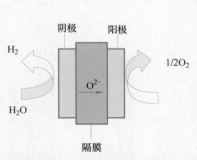

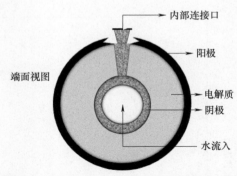

图 5-11　固体氧化物电解水制氢技术示意图　　图 5-12　固体氧化物（SOEC）电解槽基本原理

固体氧化物（SOEC）电解槽目前是三种电解槽中效率最高的，由于反应的废热可以通过汽轮机、制冷系统等被利用起来，使得总效率达到 90%。它的缺点是由于工作在高温（1000℃）下，对材料和运行维护的要求高。适合用作固体氧化物电解槽的材料主要是掺杂氧化铱的氧化锆（Yttria-Stabilized Zirconia，YSZ）。这种材料并不昂贵，但由于制造工艺比较复杂，使得固体氧化物电解槽的成本高于碱性电解槽的成本。电化学气相沉淀法（Electrochemical Vapor Deposition，EVD）和喷射气相沉淀法（JetVapor Deposition，JVD）等其他可降低成本的制造技术尚处于研究阶段。此外，研究在中温（300～500℃）环境下工作的 SOEC 电解槽以降低温度对材料的限制也是发展趋势。

高温高湿的工作环境使电解槽选择稳定性高、持久性好、耐衰减的材料受到限制，也制约了 SOEC 制氢技术应用场景的选择与大规模推广。如果能解决关键材料在高温和长期运行下的耐久性问题，SOEC 技术在未来的大规模氢气生产中具有巨大的潜力。

在 SOEC 研究应用方面国内外差距较大，美国 Idaho 国家实验室的 SOEC 电堆项目功率达到 15kW，德国 Sunfire 公司已研制出全球最大的 720kW 电堆，预计到 2022 年底，该电解槽可生产 100t 绿氢。国内的中国科学院大连化学物理研究所、清华大学、中国科学技术大学在固体氧化物燃料电池研究的基础上，开展了 SOEC 的初步探索。

5.4　电解水制氢的优缺点及经济性

5.4.1　电解水制氢的优缺点

电解水制氢效率较高，且工艺成熟，设备简单无污染，但耗电大，一般氢气电耗为 4.5～5.5kW/m^3，生产成本高，电费占整个生产费用的 80% 左右。

碱性水电解、PEM 电解水和 SOEC 电解水的主要参数与区别见表 5-1。其中，SOEC 电解水需在 500℃ 以上进行，高温反应需要热源以维持反应的进行，材料的耐受性仍需进一步探索，目前仍处于研究阶段。而碱性水电解和 PEM 电解水工艺的操作温度较低，但 PEM 工艺采用的膜成本较高，且需要贵金属催化剂，因而制氢成本较高，而碱性水电解可采用非贵金属催化剂从而降低制氢成本。综上来看，碱性水电解的操作技术最为成熟，条件易实现、投资费用低、使用寿命长、维护费用也更低，是目前工业应用最多的一种技术。但碱性水电解也存在电解效率低，需要使用具有强腐蚀性的碱液等缺点，也亟需进一步优化解决。

表 5-1　三种电解水制氢技术参数比较

项目	碱性电解	质子交换膜电解	固体氧化物电解
电解质/隔膜	20%~30%（质量分数）KOH/NaOH	纯水/质子交换膜	纯水/固体氧化物
工作温度/℃	70~90	50~80	500~1000
操作压力/MPa	<3	<7	0.1
阳极催化剂	Ni	Pt、Ir、Ru	LSM、$CaTiO_3$
阴极催化剂	Ni 合金	Pt、Pt/C	Ni/YSZ
电极面积/cm^2	10000~30000	1500	200
单堆规模	1MW	1MW	5kW
电流密度/（A/cm）	1~2	1~10	0.2~0.4
工作效率（%）	60~80	70~90	85~100
产氢纯度（%）	99.8	>99.99	>99.99
电解槽直流电耗（氢气体积按0℃、标准大气压下计）/（kW·h/m^3）	4.3~6	4.3~6	3.2~4.5
系统直流电耗（氢气体积按0℃、标准大气压下计）/（kW·h/m^3）	4.5~7.1	4.5~7.5	3.6~4.5
电解槽成本/（元/kW）	2600~4000	6500~9800	9800~13000
电解槽寿命/h	60000	50000~80000	<20000
系统寿命/a	20~30	10~20	—
启动时间/min	>20	<10	<60
运行范围/%	15~100	5~120	30~125
系统投资成本/（元/kW）	6500	10000	—
优点	成本低、长期稳定性好、单堆规模大、非贵金属材料，技术成熟	设计简单、结构紧凑、体积小、快速反应/启动、高电流密度	高能量效率、可构成可逆电解池、非贵金属材料、成本低
缺点	腐蚀性电解液、负载响应速度慢、低电流密度、灵活性低	采用贵金属材料、双极板成本高、耐久性差、酸性环境	电极材料不稳定，会开裂；存在密封不当、设计复杂、陶瓷材料有脆性
产业化程度	成熟	国外商业化，国内小规模应用	实验室研发阶段，尚未产业化

目前，碱性电解槽和质子交换膜电解槽已经工业化，而固体氧化物电解槽尚处于实验室

阶段，还未商业化。

5.4.2 电解水制氢的经济性

电解水制氢成本主要由设备投资、能源消耗、原料消耗及人力等其他运营费用构成。其中，能源成本即电力成本占比最大，一般为 40%~60%，甚至可达 80%，该部分主要由能源转化效率（即电解制氢效率）因素驱动，设备成本占比次之。

电解水制氢效率较高，且工艺成熟，设备简单无污染，但耗电大，一般氢气电耗为 4.5~5.5kW/m³，生产成本高。电解水制氢纯度可达 99.8% 以上，达到了工业氢一等品 99.5% 的纯度指标。目前工业氢每立方米售价 5~6 元/m³。国内外普遍认为电解水制氢，每度电可以制氢 0.2m³，产氧气 1.6m³。

例：浙江省某化肥厂电解水制氢，电费按工业电价 0.4 元/kW·h 计算，在制氢气成本中电费占 84.41%，其他如工资及附加费、设备折旧及检修费、原材料及辅助材料费分别为 4.68%、8.05%、1.86%。初步测算，如果在装机容量为 300kW 的小型水电站内设置电解水制氢车间，电站每天可向制氢车间提供 5000kW·h 电能。按每年连续生产 300 天计算，制氢车间可年产氢气 30 万 m³，耗电 150 万 kW·h。小型水电站就近就地给制氢车间供电，每度电降到 0.1~0.2 元/kW·h，如果按 0.2 元/kW·h 计算，则年电费为 30 万元。随着电价的降低，电费占制氢成本比例也会降低，可能由 80% 降到 50% 左右。全年制氢总成本为 60 万元左右。工业氢售价按 5~6 元/m³ 计算，制氢车间年产值可达 150~180 万元，则税前利润为 90~120 万元。经济效益十分可观。

电解水制氢技术的发展方向是进一步降低 PEM 电解槽和 SOEC 电解槽的成本，开发可替代的催化剂、质子交换膜和耐热性能好的材料等，推动其大规模应用，提高电解水制氢的效率和经济性。

5.5 可再生能源发展与电解水制氢

电解水制氢具有三方面核心优势：一是绿色环保，因其主要杂质是水和氧气；二是自动化程度高，生产灵活，既可大规模制氢，也可分布式利用；三是产品纯度高，氢气纯度可达 99%~99.9%。而制氢成本很大程度上是所消耗的电力费用，故与发电方式有直接关系。适用于谷电储能，也可与风电、光伏、水电等可再生能源耦合发展，推动构建以可再生能源为主的新型电力系统。

我国可再生能源制氢起步晚、规模小、关键技术缺乏验证，与欧美日相比有差距，近两年才开始系统性、全链条的示范验证，商业化推广与应用模式仍有待于实践探索。目前，宁夏宝丰集团投资的 10 万千瓦太阳能发电装置、每小时 1 万标方电解水制氢装置的太阳能电解水制氢储能示范项目已经投产。据预测，到 2050 年，我国可再生能源电解水制氢将占制氢总量的 70%。

除了采用低成本的电力，利用海水电解制氢以及等离子体电解水制氢也是目前电解水制氢研究和发展的两个方向。

1. 电解海水制氢

海水是世界上最为丰富的资源，海水中含有氯化钠，使得在电解过程中氯气会在阳极析出，而抑制了氧气的产生。由于氯气的毒性大，研究析氧性能好且能抑制氯气析出的电极材料非常必要。2000 年，Ghany 等人用 $Mn_{1-x}Mo_xO_{2+x}/IrO_2/Ti$ 作为电极，使氧气的生成率达到了 100%，完全避免了氯气的产生，使得电解海水制氢变得可行。

2. 接触辉光等离子体电解水制氢

接触辉光等离子体是指电极及其周围电解质之间通过辉光放电产生的，与周围介质直接接触的等离子体。它是一种常压低温等离子体。低温等离子体的一个重要特点是非平衡性，即其电子温度远高于体系温度，可高达数万至数十万摄氏度。低温等离子体的这种非平衡性对离子体的化学工艺过程非常重要。一方面，它使电子有足够高的能量激发，从而离解和电离反应物分子；另一方面，它使反应体系得以保持低温乃至接近室温。采用这种制氢技术，不仅能减少设备投资、节省能源，而且所进行的反应具有非平衡态的特性。

（1）接触辉光等离子体电解水制氢的化学反应机理

辉光放电电解时，电流产生的焦耳热使电极周围的溶液汽化，形成气体鞘屑层。在电压足够高的条件下，气体鞘屑层产生辉光等离子体。等离子体层中有水蒸气、电子、离子、活性粒子和原子。其中，高能分子对辉光等离子体电解过程中的非法拉第特性具有决定性作用。电极周围等离子体反应区内的气态 H_2O 分子分解成 H_2 和 O_2，该过程遵循下述机理：

$$H_2O \rightarrow H \cdot + OH \cdot \tag{5-8}$$

$$H \cdot + H \cdot \rightarrow H_2 \tag{5-9}$$

$$OH \cdot + OH \cdot \rightarrow H_2O + \frac{1}{2}O_2 \tag{5-10}$$

$$H \cdot + OH \cdot \rightarrow H_2O \tag{5-11}$$

与此同时，等离子体中生成的每个带正电的气相离子，在等离子体—电解液界面附近被强电场加速，进入电解液后把水分子分解成 $H \cdot$ 和 $OH \cdot$ 等活性粒子。$H_2O^+_{gas}$ 能量可高达 100eV，一个高能 $H_2O^+_{gas}$ 分子能激发几个 H_2O，而把它们分解成 H_2 和 H_2O_2。总反应式可表示为：

$$H_2O^+_{gas} + nH_2O \rightarrow H_3O^+ + (n-1)H \cdot + nOH \cdot \tag{5-12}$$

后续反应过程为：

$$H \cdot + H \cdot \rightarrow Hz \tag{5-13}$$

$$OH \cdot + OH \cdot \rightarrow H_2O_2 \tag{5-14}$$

$$OH \cdot + H_2O_2 \rightarrow HO_2 \cdot + H_2O \tag{5-15}$$

$$HO_2 \cdot + OH \cdot \rightarrow H_2O + O_2 \tag{5-16}$$

$$H \cdot + OH \cdot \rightarrow H_2O \tag{5-17}$$

以水为电解质时，电极周围的部分 H_2O 在辉光等离子体的作用下分解，生成 H_2 和 O_2。同时，等离子体中的高能 $H_2O^+_{gas}$ 又与部分 H_2O 碰撞产生一系列反应后生成 H_2 和 O_2。因此，接触辉光等离子体电解的氢气产量比水溶液电解高很多。

（2）接触辉光等离子体电解水制氢的特点

目前，接触辉光等离子体电解制氢技术尚处于起步阶段。常规电解水制氢能耗高、消耗电量大，电能利用率只有 75%~85%，一般每立方米氢气电耗为 4.5~5.5kW·h。由于接触辉光等离子体电解具有非法拉第特性，因此可以大大提高电能的利用效率，降低电能的消耗，如按接触辉光等离子体电解产量为法拉第规定产量的两倍来计算，电能消耗可以降到常规电解法的 1/3。

思 考 题

1. 目前常用的电解水制氢工艺有哪几种？
2. 简述碱性水电解制氢的原理。
3. 简述质子交换膜电解水制氢的原理。
4. 简述高温固体氧化物电解水制氢的原理。
5. 结合所学，分析电解水制氢的特点。

参 考 文 献

[1] 吴素芳. 氢能与制氢技术 [M]. 杭州：浙江大学出版社，2021.

[2] 李星国. 氢与氢能 [M]. 北京：机械工业出版社，2012.

[3] 张轩，王凯，樊昕晔，等. 电解水制氢成本分析 [J]. 现代化工，2021，41（12）：7-11.

[4] 丛琳，王楠，李志远，等. 电解水制氢储能技术现状与展望 [J]. 电器与能效管理技术，2021（7）：1-7+28.

[5] 谭静. 煤气化、生物质气化制氢与电解水制氢的技术经济性比较 [J]. 东方电气评论，2020，34（3）：28-31.

[6] 赵雪莹，李根蒂，孙晓彤，等. "双碳"目标下电解制氢关键技术及其应用进展 [J]. 全球能源互联网，2021，4（5）：436-446.

[7] 李明月. PEM 电解水制氢影响因素研究 [D]. 北京：北京建筑大学，2021.

[8] 骆永伟，朱亮，王向飞，等. 电解水制氢催化剂的研究与发展 [J]. 金属功能材料，2021，28（3）：58-66.

[9] 杜迎晨，雷浩，钱余海. 电解水制氢技术概述及发展现状 [J]. 上海节能，2021（8）：824-831.

[10] 俞红梅，邵志刚，侯明，等. 电解水制氢技术研究进展与发展建议 [J]. 中国工程科学，2021，23（2）：146-152.

[11] 张玉魁，陈换军，孙振新，等. 高温固体氧化物电解水制氢效率与经济性 [J]. 广东化工，2021，48（18）：3-6+24.

[12] 万晶晶，张军，王友转，等. 海水制氢技术发展现状与展望 [J/OL]. 世界科技研究与发展，2022（2）：172-184.

[13] 王培灿，万磊，徐子昂，等. 碱性膜电解水制氢技术现状与展望 [J]. 化工学报，2021，72（12）：6161-6175.

[14] 张从容. 能源转型中的电解水制氢技术发展方向与进展 [J]. 石油石化绿色低碳，2021，6（4）：1-4+16.

[15] 陈掌星. 水解制氢的研究进展及前景 [J]. 中国工业和信息化，2021（9）：56-60.

[16] 何泽兴，史成香，陈志超，等. 质子交换膜电解水制氢技术的发展现状及展望 [J]. 化工进展，2021，40（9）：4762-4773.

第6章 醇类重整制氢

液态的醇类化合物易于储存和输运，且具有较高的储氢量；同时大部分醇类无毒，安全性和环境友好性均较高，适合用作制取氢气的原料。

6.1 甲醇制氢

6.1.1 甲醇的基本性质

甲醇是最简单的饱和一元醇，其结构简式是 CH_3OH，分子量为 32.04，物化性质如表 6-1 所示。

表 6-1 甲醇物化性质

项目	数值	项目	数值
闪点	12.22℃	熔点	−97.8℃
沸点	64.5℃	蒸气压	13.33kPa（100mmHg，21.2℃）
相对密度	0.792（20℃/20℃）	溶解性	与水、乙醇、乙醚、苯、酮等混溶
颜色	无色透明	气味	略有乙醇气味
状态	液态	危险标识	7（易燃液体）
自燃点	463.89℃	挥发性	易挥发

6.1.2 甲醇水蒸气重整制氢

1. 甲醇水蒸气重整反应

甲醇水蒸气重整反应（Methanol Steam Reforming，MSR），其反应方程式为：

59

$$CH_3OH+H_2O \rightarrow CO_2+3H_2 \qquad \Delta H_{298K}=49.4kJ/mol \qquad (6-1)$$

一般认为该反应依如下步骤进行：

分解：
$$CH_3OH \rightleftharpoons CO+2H_2 \qquad \Delta H_{298K}=92.0kJ/mol \qquad (6-2)$$

水气变换：
$$CO+H_2O \rightleftharpoons CO_2+H_2 \qquad \Delta H_{298K}=-39.4kJ/mol \qquad (6-3)$$

MSR 制氢具有反应温度低、氢气选择性好、CO 浓度低等优点，是较为成熟的一种制氢方式。但此反应是一个强的吸热反应，反应过程中需要额外的热源为其供热。

此外，甲醇水蒸气重整制氢反应通常发生在中低温（150~300℃），因此对催化剂的活性要求比较高。较为常用的甲醇制氢催化剂为铜基催化剂和贵金属催化剂。

1）铜基催化剂：早在 1921 年，Christiansen 就报道了铜基催化剂能够催化甲醇和水反应，生成 H_2 和 CO_2。二元的 Cu/ZnO 和三元的 $Cu/ZnO/Al_2O_3$ 是目前较为成功的商品化铜基催化剂。Cu 的分散度、金属与载体间的相互作用，以及 Cu 的存在形式都对 Cu 基催化剂的甲醇重整性能产生影响。

2）贵金属催化剂：贵金属 Pd、Pt、Ru、Ir 等都有催化甲醇重整制氢活性，其中以 Pd 的活性最高。

除铜基催化剂和贵金属催化剂外，Zn-Ti、$ZnO-Cr_2O_3-CeO_2-ZrO_2$、Ni、Mo_2C 等也具有一定 MSR 活性。但这些催化剂的活性不够高，即使温度达到 400℃ 以上，其催化活性也不及上述两种催化剂。

2. 甲醇自热重整和部分氧化

甲醇自热重整（Methanol Autothermal Reforming，ARM）或者部分氧化（Methan Ol—autother Maloxidation，POM）制氢的方法，可以弥补 MSR 法中需要额外增加热源的方法。

其方程式分别为：

部分氧化：$CH_3OH+0.5O_2 \rightarrow CO_2+2H_2 \qquad \Delta H_{298K}=-192.2kJ/mol \qquad (6-4)$

甲醇燃烧：$CH_3OH+1.5O_2 \rightarrow CO_2+2H_2O \qquad \Delta H_{298K}=-730.8kJ/mol \qquad (6-5)$

自热重整：$CH_3OH+(1-2\delta)H_2O+\delta O_2 \rightarrow CO_2+(3-2\delta)H_2 \qquad \Delta H_{298K}=-71.4kJ/mol(\delta=0.25)$

$$(6-6)$$

POM 和 ARM 通常使用空气为氧化剂，反应为放热反应，转化率高，对原料变化的响应时间也比较短。但由于空气的引入，尾气中 H_2 的浓度降低，CO_2 的浓度较高。

6.1.3 甲醇水相重整制氢

甲醇水蒸气重整制氢通常发生在较高温（200~350℃），需要额外的供热系统提供热量来汽化反应物，不利于其在要求简单紧凑的车载和手提式 PEMFC 的应用。水相甲醇重整制氢（APKM）被认为是一种理想的应用于车载和手提式 PEMFC 的技术。这一技术的发展和推广目前主要受限于缺乏高效的 APRM 催化剂。

6.1.4 甲醇制氢工艺流程

甲醇制氢的典型工艺流程如图 6-1 所示。

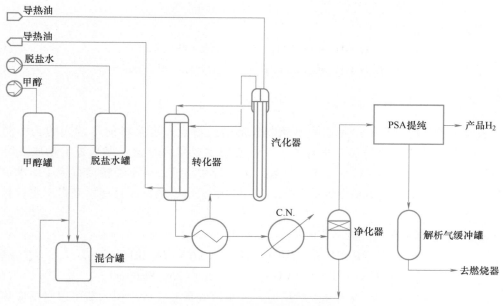

图 6-1　甲醇制氢的典型工艺流程

6.2　乙醇制氢

6.2.1　乙醇的基本性质

乙醇结构简式是 C_2H_5OH，分子量为 46，其物化性质如表 6-2 所示。同甲醇一样，乙醇也是制作氢气的重要原料之一。

表 6-2　乙醇物化性质

项目	数值	项目	数值
闪点	21.1℃	熔点	−117.3℃
沸点	78.4℃	折射率	1.3614/(n'_D)
相对密度	0.7893(20℃/20℃)	溶解性	易溶于水、甲醇、氯仿乙醚
颜色	无色透明	气味	特殊香味
状态	液态	危险标识	7（易燃液体）
黏度	1.17mPa.s(20℃)	挥发性	易挥发

6.2.2　乙醇直接裂解制氢

乙醇经高温催化分解为氢和碳，该反应为吸热。反应的主产物是氢气，副产物为 CO、纯碳、甲烷。尽管该工艺具有流程短和操作单元简单的优点，但是随着积炭的生成，催化剂快速失活，制氢效率下降，氢气的选择性也下降。总的来说，该工艺难以连续稳定操作，在制氢上前途不大，但该过程可以作为一条得到碳材料的路线。

乙醇裂解可能的反应式：

$$C_2H_5OH \rightarrow CO+CH_4+H_2 \qquad \Delta H=49.8kJ/mol \qquad (6-7)$$

$$C_2H_5OH \rightarrow CO+C+3H_2 \qquad \Delta H=124.6kJ/mol \qquad (6-8)$$

6.2.3 乙醇水蒸气重整制氢

水蒸气重整反应（ESR）是乙醇重整制氢的研究重点，也是目前最常用的乙醇制氢方法。这与燃料乙醇的工业制备方法有关：工业乙醇主要是由粮食、玉米等生物质发酵法制得，粗产品为含量为 10%~13%（体积分数）的乙醇水溶液，可不经精馏直接用作水蒸气重整的原料。另外，水蒸气重整得到的氢气不仅来自于碳氢燃料，而且还可来自于水，具有较高的氢产率。

乙醇水蒸气重整制氢反应可用下式表示：

$$C_2H_5OH+3H_2O \rightarrow 2CO_2+6H_2 \qquad \Delta H=174.2kJ/mol \qquad (6-9)$$

$$C_2H_5OH+H_2O \rightarrow 2CO+4H_2 \qquad \Delta H=256.8kJ/mol \qquad (6-10)$$

乙醇水蒸气重整制氢反应为强吸热反应。在水蒸气重整过程中引入氧可以对反应热进行调控，根据引入的氧量不同可分为部分氧化水蒸气重整（OSRE）和自热重整（ATRE）。

部分氧化水蒸气重整：

$$C_2H_5OH+(3-2x)H_2O+xO_2 \rightarrow 2CO_2+(6-2x)H_2$$

$$\Delta H=\left(\frac{3-2x}{3}\times173-\frac{x}{1.5}\times545\right)kJ/mol \qquad (6-11)$$

乙醇的部分氧化反应（POE）：

$$C_2H_5OH+0.5O_2 \rightarrow 2CO+3H_2 \qquad \Delta H=14.1kJ/mol \qquad (6-12)$$

$$C_2H_5OH+1.5O_2 \rightarrow 2CO_2+3H \qquad 2\Delta H=-545.0kJ/mol \qquad (6-13)$$

OSRE 反应可以看作 ESR 反应和 POE 反应的耦合，放热的氧化反应释放的热量可以供吸热的水蒸气重整反应使用，从而可以通过原料计量比来调节反应温度。在这一类型反应中，原料中 O_2 与乙醇的比例非常关键：一方面，由于 O_2 的引入，对原料及一些中间产物有活化作用，提高反应速率，并抑制积炭；另一方面，过多的 O_2 会降低 H_2 产率，也会引起催化剂活性组分的氧化，从而加速活性金属的烧结。此外，如果采用纯氧，成本较高；如果采用空气，产物中氧气的浓度下降，提高了后续分离成本。

6.2.4 乙醇二氧化碳重整制氢

乙醇水蒸气重整产物中 H_2/CO 比值高，不适合直接作为 FT 合成含氧有机物的原料。若以 O_2 代替 H_2O 进行重整反应，降低了反应的成本，更为重要的是得到的 H_2/CO 比值可直接用于 FT 合成含氧有机物的原料反应中。在全球对碳排放问题关注度日益增加的情况下，乙醇二氧化碳重整制合成气，可以缓和温室效应，改善人类生活环境，具有重大的战略意义，是一条有潜力的利用途径。

乙醇二氧化碳重整过程主要反应如下：

$$C_2H_5OH+CO_2 \rightarrow 3CO+3H_2 \qquad \Delta H=296.7kJ/mol \qquad (6-14)$$

6.2.5　其他乙醇制氢方式

除了以上乙醇制氢方式之外，还有电催化强化乙醇制氢和等离子体强化乙醇制氢两种方式。当金属丝通电，表面的热电子对反应物有活化作用。把催化剂和电炉丝一同置于反应器当中，接通电炉丝的外接电源，当有电流通过电炉丝表面时，称为电催化。研究表明，通过引入电催化来优化乙醇水蒸气重整过程，在低温下就能得到较高的氢产率和转化率。

坎特伯雷大学与新西兰工业研究有限公司研究团队的研究结果表明：将乙醇和水蒸气的混合物送入等离子体反应器中的电离气体区域，其单次通过的乙醇转化率为 14% 左右，且产品气体混合物中含有 60%~70%（摩尔分数）H_2。该过程的氢气选择性是令人感到鼓舞的，后期的重点在于反应器和工艺条件的进一步优化，以提高乙醇转化率。

6.2.6　乙醇制氢催化剂

按活性组分可将乙醇制氢催化剂分为贱金属催化剂（Fe、Co、Ni 和 Cu 等）和贵金属催化剂（Rh、Pd、Ru、Pt 和 Ir 等）两大类。这些催化剂的载体和助剂等还常常涉及第 Ⅰ、Ⅱ、Ⅲ 主族元素（如 Na、K、Mg、Al）和镧系元素（La、Ce 等）。

1. Ni 基催化剂

Ni 基催化剂成本低，对 C-C 键的断裂、WGS 和乙烷重整反应都具有良好的催化活性。在乙醇重整反应中，Ni 不仅是 ESR，也是 OSER 和 ATRE 常见的活性部分。

在 Ni 催化剂中添加 Cu-Ni 合金有助于避免 Ni 形成金属碳化物。这种金属碳化物被认为是形成丝状积炭的前驱体。

在 Ni 催化剂中添加少量贵金属可以提高催化剂的活性。研究结果，贵金属的引入不仅有助于 Ni 的还原，并防止其在反应过程中被氧化，提高了反应的活性、选择性和抗积炭性能。

另外，常用 La、碱/碱土金属、Zr、Ce 等助剂对载体进行改性，以提高 Ni/MO_x 催化剂性能。助剂起的作用为：

1）提高催化剂的抗积炭能力，如 La、Mg 等修饰 Al_2O_3。

2）提高催化活性组分的分散度，防止 Ni 烧结，如 La、Mg 等修饰 Al_2O_3，Li、K 等修饰的 MgO，Ce 修饰的 ZrO_2 等。

3）提高储氧及氧空穴移动能力（ZrO_2、CeO_2）。

2. Co 基催化剂

Co/ZnO 是较优良的 Co 基 ESR 制氢催化剂，它对乙醇或者 ESR 中的主要中间产物乙醛都有良好的活性。

3. 贵金属催化剂

贵金属基乙醇制氢催化剂经过多年的研究，目前已经形成了 Rh 基、Ru 基、Pt 基、Ir 基等催化剂体系。在相同负载量相同载体条件下，Rh 催化剂的活性明显高于其他三种贵金属，但该催化剂积炭失活严重。而通过催化剂中引入 Ce，可以有效改善催化剂消除积炭的能力，提高催化剂的稳定性。

对于 Ru 催化剂，当负载量提高时，ESR 活性有显著提升，当其负载量为 5% 时拥有最优性能，能够使乙醇的转化率达到100%，氢气的选择性在90%以上，因此有望替代昂贵的Rh催化剂。

6.3 甘油（丙三醇）制氢

甘油本身的利用受到一定的限制，通过热解和气化过程转化成更高品质的能源载体，如氢和合成气，是甘油较好的利用途径。2009年，德国工业气体巨头Linde公司在德国Leuna建造了全球首座甘油制氢示范装置，主要用于甘油的再加工和裂解，以便将甘油原料转化成富含氢气的气体。所得气体将被输入Linde公司位于Leuna的氢气联合装置中进行纯化后液化，液态氢作为燃料供应给柏林、汉堡等城市。

6.3.1 甘油的基本性质

甘油（$CH_2OH\text{-}CHOH\text{-}CH_2OH$），学名为丙三醇，是无色透明的黏稠液体，有甜味并能从空气中吸收潮气。甘油是含有三个羟基的醇，具有一般醇类的化学反应性，同时又具有多元醇的特性。其物化性质见表6-3。

表6-3 甘油物化性质

项目	数值	项目	数值
闪点	77℃（99%）	熔点	18℃
沸点	290℃	折射率	$1.47/(n'_D)$
相对密度	1.26362（20℃）	溶解性	易溶于水、甲醇等低级醇，不溶于高级醇、油脂氯仿
颜色	无色透明	气味	有甜味
状态	液态	危险标识	7（易燃液体）
黏度	1.50mPa·s（20℃）	挥发性	不易挥发

6.3.2 甘油气相重整制氢

烃类为原料的水蒸气重整法（Steam Reforming，SR）是工业制氢常用方法。除烃类外，利用水蒸气重整甲醇和乙醇等含氧化合物也得到广泛研究。由于这些低碳醇常温、常压下为液态，易于运输和携带，常被用来作为小型可移动制氢的原料。甘油气相重整包括脱氢、脱水、碳碳键断裂生成小分子的含氧碳氢化合物、水蒸气重整和水蒸气变换（Water—Gas Shift，WGS）等，通常得到含有氢气、一氧化碳、二氧化碳、甲烷、乙烯、乙醛、乙酸、丙酮、丙烯醛、乙醇、甲醇、水和碳等的复杂产物。

图6-2为甘油气相重整的反应途径。

甘油水蒸气重整制氢根据投料以及供能方式的不同可以进一步细分，可用一个总的通式表示为：

$$C_3H_8O_3 + xH_2O + yO_2 \rightarrow aH_2 + bCO + cCO_2 + dH_2O + eCH_4$$

这些反应包括：甘油水蒸气重整（Steam Reforming of Glycerol，SRG）、甘油氧化水蒸气重整（Oxidative Steam Reforming of Glycerol，OSRG）、甘油部分氧化（Partial Oxidation of

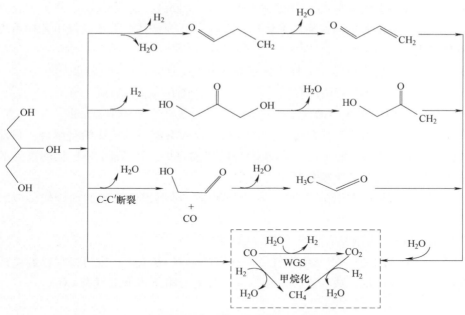

图 6-2　甘油气相重整的反应途径

Glycerol，POG）。

SRG：$C_3H_8O_3 + 3H_2O \rightarrow 3CO_2 + 7H_2$　　　　　　　　　$\Delta H_{r,298K} = 128kJ/mol$　　（6-15）

POG：$C_3H_8O_3 + \dfrac{3}{2}O_2 \rightarrow 3CO_2 + 7H_2$　　　　　　　　　$\Delta H_{r,298K} = -603kJ/mol$　　（6-16）

OSRG：$C_3H_8O_3 + \dfrac{3}{2}H_2O + \dfrac{3}{4}O_2 \rightarrow 3CO_2 + \dfrac{11}{2}H_2$　　　$\Delta H_{r,298K} = -240kJ/mol$　　（6-17）

$C_3H_8O_3 + (3-2d)H_2O + dO_2 \rightarrow 3CO_2 + (7-2d)H_2$　　$\Delta H_{r,298K} = 0kJ/mol$　　（6-18）

甘油水蒸气重整的产氢效率最高，在理想情况下每摩尔甘油能产生 7mol 氢气，但是该反应强吸热，需要外界供能以维持反应的进行。甘油的部分氧化实质是用氧气直接实现甘油碳碳键的断裂从而使其分解产氢，该反应强放热，但是产氢效率较低；甘油氧化水蒸气重整结合了两者的优点，氧气不仅可以促进甘油分子的分解并且能够降低热效应，通过适当地调节碳氧比可以实现 $\Delta H_{298K} = 0$。即自热重整反应（Auto Thermal Reforming of Glycerol，ATRG）。通过吸热反应和放热反应的耦合使得反应器无需外界热源，有利于设计紧凑式、便携式微型制氢器。氧气的引入还能够有效地把沉积在催化剂表面的积炭烧掉，提高催化剂的使用寿命。

1. 热力学分析

相关科学研究表明，高温、低压、高的水/甘油比有利于反应向生成氢气的方向进行，最佳的条件为温度 900K，水/甘油的摩尔比为 9∶1。当温度升高到 1000K 时，甘油的产氢效率降低，产品气中的 CO 浓度升高，CO_2 浓度降低，这是由于高温有利于水—气变换逆反应发生，导致产氢量下降。对该反应的积炭热力学研究表明，当反应温度为 1000K 时，在任何水碳比下都不会有积炭的产生；高的水/甘油比也有利于抑制积炭的产生。

总体而言，甘油重整反应的特征之一是反应温度较高，这是由甘油分子中含两个 C-C 键决定的。因此，防止催化剂在高温下烧结、积炭失活等是甘油重整制氢工艺的重点。

2. 反应机理

SRG 中最主要的反应可简化为甘油分解和水—气变换：

$$C_3H_8O_3 \rightarrow 3CO+4H_2 \qquad\qquad \Delta H_{r,298K}=251kJ/mol \qquad (6\text{-}19)$$

$$CO+H_2O \rightarrow CO_2+H_2 \qquad\qquad \Delta H_{r,298K}=-41kJ/mol \qquad (6\text{-}20)$$

但事实上甘油水气重整反应副反应众多，目前尚未有统一的反应机理解释。目前比较认可的是其反应是通过逐步进行 C-C 键的断裂与脱氢实现的。Prakash 等对甘油重整的过程做出了较详细的阐述，认为其主要包括以下三步：

1）甘油首先在催化剂的作用下脱去一分子的氢，随后以所产生的活性炭位或氧位吸附在金属催化剂表面。

2）吸附物种进一步脱氢直至吸附态的 CO。

3）吸附态 CO 与水进一步发生水气变换反应产生 H_2 和 CO_2，也可以与已经生成的氢气发生甲烷化反应生成甲烷，或者直接从金属活性位上脱附下来形成气态 CO。

这个过程可以用如下公式简要表示：

$$CH_2OH-CHOHCH_2OH \xrightarrow{-H_2} *CHOH-*COHCH_2OH \xrightarrow{-H_2} *CO \qquad (6\text{-}21)$$

$$*CO \rightarrow CO(g) \qquad (6\text{-}22)$$

$$*CO+H_2O \rightarrow CO_2+H_2 \qquad (6\text{-}23)$$

$$*CO+3H_2 \rightarrow CH_4+H_2O \qquad (6\text{-}24)$$

由于甘油分子不同的断键和脱氢程度会出现大量的中间活性物种，这些物种之间的结合会形成众多的产物，包括氢气、一氧化碳、二氧化碳、甲烷、乙烯、乙醛、乙酸、丙酮、丙烯醛、乙醇、甲醇，还有其他含更多碳的复杂产物以及积炭，其中前四种为最主要的产物。考虑到甲烷是氢碳比最高的副产物，是导致氢气产率低下的重要原因之一，因此甲烷的产生需要极力避免，即在重整反应过程中需抑制式（6-24）。此外，在甘油分解产氢的过程中不可避免会产生一些积炭沉积在催化剂活性位，对于积炭引起催化剂的失活尤其要引起研究者的重视。可能的积炭反应有：

$$CH_4 \rightarrow C+2H_2 \qquad\qquad \Delta H_{r,298K}=74kJ/mol \qquad (6\text{-}25)$$

$$2CO \rightarrow C+CO_2 \qquad\qquad \Delta H_{r,298K}=-172kJ/mol \qquad (6\text{-}26)$$

$$CO+H_2 \rightarrow H_2O+C \qquad\qquad \Delta H_{r,298K}=-131kJ/mol \qquad (6\text{-}27)$$

3. 催化剂

甘油黏度大，热稳定性差，加热到 300℃易发生裂解，对反应过程中的催化剂提出了较高的要求。Pd、Pt、Ru、Rh、Ir 等是常用的贵金属催化剂，通常它们催化活性高，抗积炭能力强，稳定性好，在加氢、脱氢以及氢解等涉氢反应中研究广泛，也可应用于甘油重整制氢。常见的贱金属重整催化剂主要有 Fe、Co、Ni、Cu 等。其中，Ni 基和 Co 基催化剂由于其高的断裂 C-C 键的能力和水—气变换能力，是最常用的重整催化剂。研究者从原料的选择、制备方法、引入助剂和选择合适的载体等方面，开展了大量的工作来改进催化剂的活性及稳定性。

（1）镍基催化剂

镍基催化剂在碳氢化合物重整制氢中的活性及选择性都比较好，具有较强的断裂 C-C 键的能力，能够使碳氢化合物充分气化，能够减少乙醛、乙酸等副产物的生成。同时，镍在低温下也具有高重整活性，对一些中间反应也具有良好催化活性。但是，镍同时也是良好的甲烷化反应催化剂，它能够促进重整过程中产生的 CO、CO_2 与 H_2 反应生成 CH_4 从而降低 H_2 的选择性，这对制氢来说是极为不利的。此外，镍也能够加速含碳化合物，如甲烷的裂解反应产生积炭导致催化剂失活。在高温下，镍还容易烧结引起表面活性下降并导致催化剂永久失活。

催化剂的活性，与活性金属的还原能力、孔体积与比表面积的比值、活性金属的分散性有关，还原能力越强、比值越大、分散性越好，则催化活性就越好。采用不同制备方法和原料制取的 Ni 基催化剂性能会有较大差异。通常将镍负载到合适的氧化物载体上，一方面使得催化剂高度分散提高镍的活性位利用率，另一方面能够利用载体效应弥补镍在重整制氢中的不足之处。此外，常常引入第二活性组分以调控镍的活性或氢气的选择性。

（2）钴基催化剂

Co 基催化剂也具有良好的断裂 C-C 键与高的气化重整原料的能力，因而在甘油重整中也表现出较优的性能。与 Ni 基催化剂相比，Co 对甘油重整的活性略低。因此，通过掺杂 Rh，Pt，Ru 等贵金属能提高 Co 的性能，但催化剂成本会相应提高。虽然有研究表明，Co 的抗积炭和烧结能力略高于 Ni，但是其长时间稳定性能仍有待于验证和提高。

（3）其他非贵金属催化剂

除了 Ni 和 Co 外，Cu 和 Fe 也对甘油重整制氢反应有一定活性，但两者很少单独使用，基本上都是以双金属的形式参与反应，如 Cu 最常与 Ni 形成 Ni-Cu 合金，有利于提高催化剂的抗积炭和烧结能力。

（4）贵金属催化剂

以 Ni 为代表的非贵金属催化剂一般需要较高的反应温度（>500℃），使用贵金属催化剂可以获得更高的甘油重整活性和较低的操作温度。通过研究发现，这类贵金属的活性顺序为：Ru～Rh>Ir>Pt≥Pd。

6.3.3　甘油水相重整制氢

由于断裂 C-C 键的需要，甘油水相重整制氢往往需要较高的温度。水相重整法（APR）在较低温度（200～270℃）和高压（25～30MPa）下进行，可以减少制氢的能耗。此外，重整反应网络中对于产氢重要的水—气变换反应（WGS）是一个放热反应，在低温下更利于 WGS 反应的发生，因此水相重整提高氢气产率的同时限制了一氧化碳的生成，这为后续的分离提纯工序提供了便利。同时，低温的操作条件也有利于控制积炭，而高压使氢气易于通过变压吸附与膜技术分离。

有关研究认为 APR 的反应式可写为：

分解：$C_3H_8O_3(l) \rightarrow 3CO(g) + 4H_2(g)$　　　　　　$\Delta H = 328.6 \text{kJ/mol}$　　　　（6-28）

WGS：$CO(g) + H_2O(g) \rightarrow CO_2(g) + H_2$　　　　　$\Delta H = -41.1 \text{kJ/mol}$　　　（6-29）

APR：$C_3H_8O_3(l) + 3H_2O(g) \rightarrow 3CO_2(g) + 7H_2(g)$　　$\Delta H = 205.3 \text{kJ/mol}$　　　（6-30）

甘油 APR 反应路径非常复杂，可能的反应途径如图 6-3 所示。

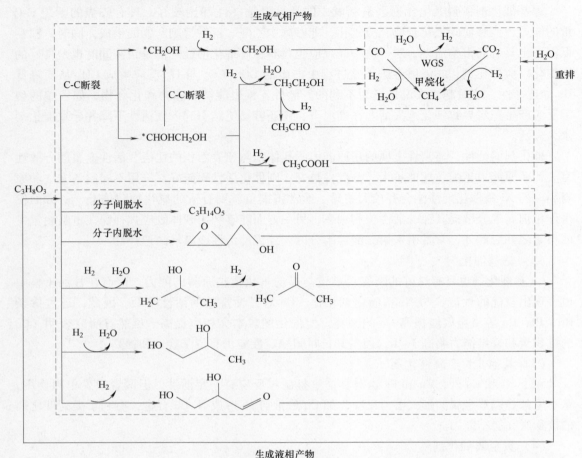

图 6-3　甘油水相重整可能的反应途径

该机理将甘油 APR 简化为通过脱氢和脱水两条路径进行，脱水产物还可进一步氢解得到醇和烃，因此甘油 APR 往往得到复杂的气相和液相产物，通过调变催化剂的脱氢（金属）和脱水（酸）功能可以调控产物的分布。

APR 过程无须将反应物汽化，这对于低挥发性、高亲水性的生物质炼制过程具有特别的吸引力。与气相重整技术相比，APR 过程还特别有利于控制 CO 含量。因此，APR 过程正在受到广泛的关注，有望成为可行的甘油制氢工业化技术。尽管相比气相重整具有显而易见的优势，但是 APR 反应过程中催化剂在水热条件下的失活有可能成为限制过程稳定性的瓶颈，必须在催化剂的设计中加以特别考虑。同时，复杂的反应途径导致的液相产物分离利用问题也必须加以考虑。

6.3.4　甘油干重整制氢

甘油也可以通过与 CO_2 重整制得合成气，即甘油的干重整反应。此反应得到的合成气是费托反应的原料，不仅可以对甘油实现有效利用，而且消耗了 CO_2，并为将其转化成为其他有价值的化工产品提供了可能。该方法由于积炭反应的平衡常数较小，容易受到反应参数的影响，与水蒸气重整反应相比，此反应更容易发生积炭。而且 CO_2 重整反应是强吸热反应，需要大量的热源供给。有研究者提出把 CO_2 与 O_2 同时进料，将 CO_2 重整反应与部分氧化反应耦合，部分氧化反应放出的热量可以减少对反应器热量的供应，但是降低了 CO_2 的利用率；其中抑制积炭是部分氧化反应的重要贡献。

6.3.5　甘油光催化重整制氢

光催化制氢是一种新型的催化技术，它是在光催化剂的作用下利用太阳能的制氢技术。但目前直接利用光催化水制氢的效率还很低，而将光催化直接应用到甘油重整制氢中，能有效降低重整过程中的能耗。由于过程中的甘油、水和太阳能皆为洁净的可再生能源，并且反应条件温和，因此光重整将有较大的发展潜力。Davies 等提出了在 Pd/TiO 上进行醇类的光催化重整的反应机理：

1）重整反应的醇类在 α 碳原子上必须要有氢原子。

2）除甲醇外，满足条件 1）的其他醇类经过脱碳基反应生成 CO、H_2 以及烷烃。

3）反应过程中产生的亚甲基被完全氧化为 CO_2。

4）光催化过程中产生的甲基容易与生成的氢气重构产生甲烷，同时也可以与水反应生成 CO_2 与 H_2。

他们提出的反应机理可用图 6-4 表示。目前，甘油光催化重整制氢过程受太阳光强度的限制，并且反应效率仍然过低，但这种制氢方式未来值得深入研究。

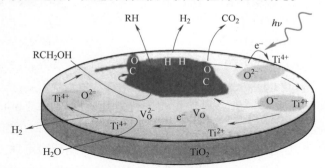

图 6-4　醇类的光催化重整反应机理

6.3.6　甘油高温热解法重整制氢

直接裂解甘油制氢气过程通常都在较高温度下进行。Valliappan 等在常压和 $650\sim800$℃ 的高温条件下，在石英、碳化硅和砂子等填料上热解甘油，主要的气相产物为 CO、H_2、CO_2、CH_4 和 C_2H_4，同时会形成大量的液相副产物以及积炭。反应温度、载气流速、进样速度以及填料的种类都对甘油的转化率和产物的分布有显著的影响，这为整个过程的可控反应带来了非常大的挑战。另外，Menéndez 等采用活性炭作为填料热解甘油时，裂解产物中的合成气的体积分数可高达 81%。不同的加热方式也会影响这个过程，如对比电炉加热和微波加热两种方式，结果显示微波加热可以得到较多的合成气，并且在低温（约 400℃）也具有活性。直接高温热解甘油可获得一定量的氢气，但是这一过程存在氢气收率不高，产物复杂分离困难的问题，同时积炭和结焦对反应器的要求和操作条件非常高，因此这一过程处理的对象，更多的是未经处理的粗甘油。

6.3.7 甘油超临界重整制氢

超临界过程也可以被应用在甘油制氢过程中，Ederer 和 Kruse 等使用不同浓度的甘油水溶液在超临界水中进行重整反应，在 349～475℃、25～45MPa 下，可得到甲醇、乙醛、丙醛、丙烯醛、烯丙醇、乙醇、二氧化碳、一氧化碳和氢气等产物，同时反应路径与过程中的压力息息相关，水在其中起到了溶解和提供质子、氢氧基团的双重作用。超临界过程对设备的要求苛刻，且氢气的产率也不高，故该技术目前研究得较少。

6.3.8 甘油吸附增强重整制氢

近年来，甘油重整制氢技术的一个重要的方向是通过改变甘油水蒸气重整反应过程中的热力学平衡，来提高氢气产率。如将重整和 CO_2 原位吸附进行耦合，在制氢的同时捕获 CO_2，由于 CO_2 从反应产物中被原位移除，改变了平衡，有利于反应朝生成氢气的方向移动，提高了氢气收率和甘油的转化率；并且 CO_2 的吸附过程释放出的热量还能降低反应的能耗。这一将 CO_2 原位捕获和甘油重整耦合的过程称为甘油吸附增强重整（SES-RG）制氢过程。吸附增强重整技术最为明显的优势在于可以一步得到高纯的氢气，大大简化了后续分离纯化的过程；其次重整产生的 CO_2 也得到了富集处理，有利于减排。具体反应方程式如下：

$$C_3H_8O_3(g)+3H_2O(g)\rightarrow 3CO_2(g)+7H_2(g) \qquad \Delta H_{r,298K}=128kJ/mol \qquad (6-31)$$
$$CO(g)+H_2O(g)\rightarrow CO_2(g)+H_2(g) \qquad \Delta H_{r,298K}=-41kJ/mol \qquad (6-32)$$
$$CaO(s)+CO_2(g)\rightarrow CaCO_3(s) \qquad \Delta H_{r,298K}=-178kJ/mol \qquad (6-33)$$
$$C_3H_8O_3(g)+3H_2O(g)+3CaO(s)\rightarrow 3CaCO_3(s)+7H_2(g) \qquad \Delta H_{r,298K}=-406kJ/mol \qquad (6-34)$$
$$CaO(s)\rightarrow CaO(s)+CO_2(g) \qquad \Delta H_{r,298K}=178kJ/mol \qquad (6-35)$$

甘油吸附增强制氢技术中，最大的挑战在于合适的吸附剂。表 6-4 汇总比较了常见的 CO_2 高温吸附剂的特性。总的来说，有效的 CO_2 吸附剂一般包括四个方面：大的 CO_2 吸附容量；快速的吸脱附动力学性能；合适的吸脱附温度；好的循环稳定性。目前，吸附增强过程中用到的吸附剂绝大多数都是 Ca 基吸附剂，这主要是因为其价格优势和高的吸附容量。但是，Ca 基吸附剂在多次循环再生使用过后会出现严重的烧结导致吸附性能大幅度下降。

总的来说，甘油吸附增强重整是一种理想的甘油制氢技术，但是目前还面临着吸附剂的循环稳定性差等问题，并且缺乏长达 100h 甚至长达上千小时连续操作的实验数据，针对这一情况，开展中试规模的测试研究将对未来这一技术的产业化应用至关重要。

表 6-4 常见的 CO_2 高温吸附剂的特性

样品	晶粒大小[①]/nm	比表面积/(m²/g)	理论吸附量[②](%)	实验吸附量[②](%)
CaO	64	3	78.6	49.5
Li₂ZrO₃	13	5	28.8	27.1
K-掺杂的 Li₂ZrO₃	15	<2	26.6	20.7

（续）

样品	晶粒大小[①]/nm	比表面积/（m²/g）	理论吸附量[②]（%）	实验吸附量[②]（%）
Na₂ZrO₃	30	5	23.4	16.3
Li₄SiO₄	37	2	36.6	22.9
La₂O₃	31.2	7.9	13.5	13.3

① X 射线衍射。

② 容量：（gCO₂/g 吸附剂）×100。

注：K：Li：Zr=0.2：2.2：1

6.4 醇类重整制氢反应器及技术

近年来，一些新型反应器的出现加速了醇类重整制氢技术的发展。对于甲醇和乙醇，由于其均为液体原料进样，反应器的设计有许多共通之处。表 6-5 列举了具有代表性的乙醇重整制氢催化剂、反应形式、反应器及其性能。

表 6-5　乙醇重整制氢催化剂、反应形式、反应器及其性能

催化剂名称	反应形式[①]	反应器[②]	反应条件		乙醇转化率（%）	产品分配率（%）
			T/K	O₂/H₂O/乙醇		H₂/CO₂/CO/CH₄
Rh/CeO₂	SR	FBR	723	0/8/1	100	69.1/19.2/3.5/8.2
Ni-Rh/CeO₂	OSR	FBR	873	0.4/4/1	100	55.8/25.6/10/8.6
Pd/ZnO	SR	FBR	723	0/13/1	100	73.1/15/0/0.6
	OSR			0.5/13/1	100	60.9/22/0.1/3.1
Pd/SiO₂	SR			0/13/1	95.7	39.2/0.9/33/27
	OSR			0.5/13/1	48.7	34.7/0.3/30.6/33
Rh/Al₂O₃	SR	micro-R	873	0/4/1	100	70/14.5/7.5/8
Rh-Ni/Al₂O₃					99.6	70.8/14.8/7.5/6.9
Rh-Ni-Ce/Al₂O₃					99.7	68.9/14.8/6.7/9.6
Co/ZnO	OSR	micro-R	733	过量/6/1	100	66.5/22.2/9.3/2
Rh/SQ	SR	FBR	873	0/5/1	100	61.6/15.4/9.6/13.4
		Pt-SKMR			100	75.2/11.2/9.6/4
		FBR	723	0/5/1	83	30.6/0/37/32.4
		Pt-SKMR			100	54.1/21/5.1/19.8
Co₃O₄/ZnO	SR	MSR	773	0/3/1	82.6	67.3/15.3/13.7/3.7
				0/6/1	90.7	73.4/23.2/0/3.4

① SR 表示 Steam Reforming（水蒸气重整）；OSR 表示 Oxidative Steam Reforming（氧化水蒸气重整）。

② FBR 表示 Fixed Bed Reator（固定床反应器）；micro-R 表示 microchannel Reactor（微通道反应器）；Pt-SKMR 表示 Pt-impregnated Stainless steel-supported Knudsen Membrane Reactor（铂浸渍的克努森膜反应器）；MSR 表示 Macroporous Silicon membrane Reactor（大孔二氧化硅膜反应器）。

6.4.1 固定床反应器

传统固定床反应器被广泛应用于实验室中的醇重整制氢催化剂的性能评价，但由于催化剂的颗粒间紧密堆积，容易出现局部热点，导致催化剂活性金属烧结，活性下降且生成积炭，最终导致催化剂失活。在实验室中通常引入石英砂作为分散剂，降低局部热点生成。

通过将催化剂粉末填充到微通道槽中构成微型固定床，可以有效降低温度和浓度梯度，提高反应器的原料处理能力。典型的固定床反应器如图 6-5 所示。

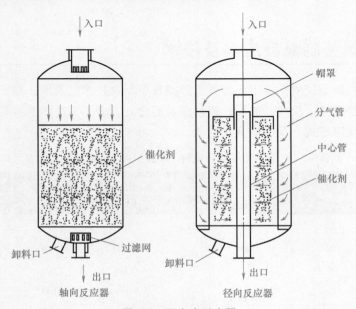

图 6-5　固定床反应器

6.4.2 微通道反应器

20 世纪 90 年代以来，化学工程学发展的一个重要趋势是向微型化迈进，而微通道反应器作为微化工技术的核心设备受到广泛的关注。与传统反应器相比，微通道反应器具有较大的比表面积、狭窄的微通道和非常小的反应空间，这些几何特征可以加强微反应器单位面积的传质和传热能力，显著地提高化学反应的选择性和转化率。在醇类重整制氢过程中，微通道反应器表现出能耗低、效率高、催化剂使用寿命长、体积小，易操作，可扩展等优良性能，对于小型便携式燃料电池的推广应用具有重要支撑作用。

典型的微通道直径在 $50 \sim 1000\mu m$、长度在 $20 \sim 100mm$ 之间，每一个反应器单元可拥有数十到上千条这样的通道（图 6-6）。催化剂涂镀在此微通道的槽中。在如此小的反应通道中，反应物在反应器中呈滞流气体的径向扩散时间在微秒量级，轴向返混得到有效降低，反应的传质传热效率可以极大地改善。另外，还有比较有代表性的集成了催化甲烷燃烧的 ESR（图 6-7a）和 WGS 扩展的微通道反应器（图 6-7b）和硅基微通道乙醇重整器（图 6-8）。

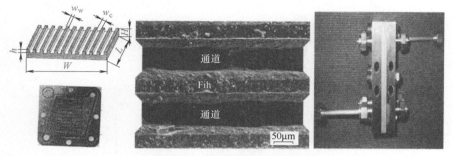

图 6-6　微通道反应器及其装置

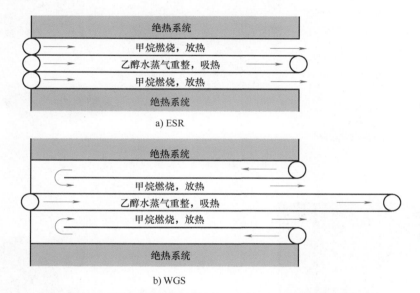

图 6-7　集成了催化甲烷燃烧的 ESR 和 WGS 扩展的微通道反应器

6.4.3　微结构反应器

将粉末性催化剂制成的浆料、催化剂前驱体溶液等涂镀于能够提供亚毫米级流动通道的材料上制成的微型反应器，称为微结构反应器。常见的微结构反应器包括独石（monolith）型反应器（图 6-9），泡沫形反应器（图 6-10），线形反应器（图 6-11）等。

6.4.4　膜反应器

利用膜的分离作用可将反应产物中的 H_2 或 CO_2 从反应区移出，从而打破化学平衡的限制，提高低温下重整制氢反应的转化率和选择性。

钯原子对氢分子具有非常强的吸附能力，并且很容易将其解离成氢原子，这些解离的氢溶解于钯膜中沿着梯度方向扩散并在膜的另一侧聚合为 H_2，而其他不能转变成氢原子的气体则不能通过钯膜。利用这一特性，钯及钯合金复合膜可用于 H_2 的分离。在乙醇重整制氢反应中，钯膜可将生成的 H_2 从反应区移出，促进该反应的进行，并实现产物中 H_2 的净化。

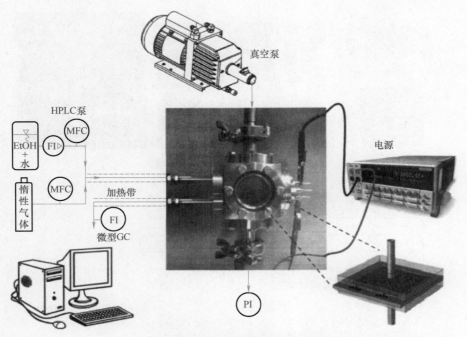

图 6-8　硅基微通道乙醇重整器

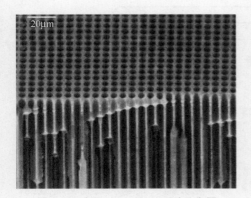

图 6-9　独石（monolith）型反应器

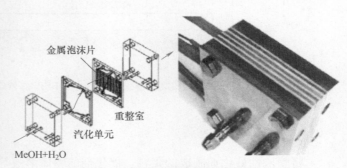

图 6-10　金属泡沫形甲醇微重整器的结构

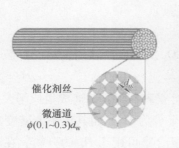

图 6-11　"宏观"管式线形反应器

典型的钯膜反应器如图 6-12 所示。

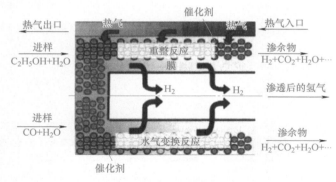

图 6-12 　钯膜反应器

6.5 　醇类制氢技术的特点和问题

6.5.1 　醇类制氢技术的 CO_2 排放

甲醇、乙醇和甘油制氢的 CO_2 排放当量可估算如下：甲醇水蒸气重整制氢技术的 CO_2 排放量约为 $0.3 \sim 0.4 m^3 / m^3 H_2$；氧化水蒸气重整的 CO_2 排放指数一般略高于水蒸气重整，为 $0.38 \sim 0.4 m^3 / m^3 H_2$；水相重整则多在 $0.34 m^3 / m^3 H_2$，但是水相重整会出现初始以甲醇脱氢为主的反应，这时 CO_2 排放指数有可能会小于 $0.05 m^3 / m^3 H_2$。

乙醇水蒸气重整制氢技术的 CO_2 排放量约为 $0.5 \sim 0.7 m^3 / m^3 H_2$，氧化水蒸气重整的 CO_2 排放指数为 $0.8 \sim 1.0 m^3 / m^3 H_2$，自热重整则为 $1.0 \sim 1.2 m^3 / m^3 H_2$。事实上，若考虑制氢过程中加热、分离、运输等的 CO_2 排放，该排放量会更高。然而，由于乙醇可以来源于生物质，即其所排放的 CO_2 可以在植物生长的过程中被重新固定到生物质中去，从生物乙醇制造到制氢的整个过程，在理论上对生态是碳中和的，这是乙醇制氢过程的重要优势之一。

作为典型的生物质资源，甘油与生物乙醇理论上都具有实现碳中和制氢的可能。在现有技术水平下，可以估算得出，甘油蒸汽重整制氢技术的 CO_2 排放量约为 $0.8 \sim 1.1 m^3 / m^3 H_2$，氧化水蒸气重整的 CO_2 排放量为 $1.2 \sim 1.5 m^3 / m^3 H_2$，液相重整则为 $0.9 \sim 1.2 m^3 / m^3 H_2$。在甘油干重整制氢中，$CO_2$ 作为反应物参与制氢过程，因此其不仅不产生 CO_2 还要消耗掉部分 CO_2。甘油吸附增强重整制氢过程中，由于产生的 CO_2 都被原位捕获了，因此，如果不考虑脱附过程中的 CO_2 排放问题，其基本不产生 CO_2。但如果考虑脱附过程，其 CO_2 排放量接近理论值 $0.429 m^3 CO_2 / m^3 H_2$。考虑到 SESRG 技术中，CO_2 集中在脱附过程中进行排放，并且没有其他气体，易得到纯度更高的 CO_2，对于后续的 CO_2 利用或封存来说都更容易处理。

6.5.2 　醇类制氢的技术经济性

1. 甲醇和乙醇制氢技术的经济性

甲醇和乙醇重整制氢技术经过多年的研发，在技术上已经十分成熟，一些企业已经可以提供完整的技术解决方案。如 Haldor Topsoe 可以提供包括甲醇水蒸气重整、自热重整等技术的催化剂和解决方案。一个典型的工业化重整制氢方案包括预重整、水蒸气重整、高低温变换（HTS+LTS）等单元（图 6-13），如需进一步纯化得到 CO 含量在 $1×10^{-6}$ 级的高纯氢，则可增加 PSA 单元。

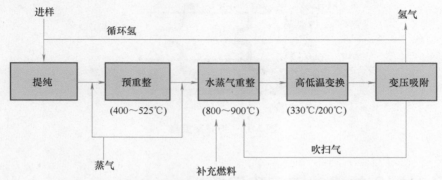

图 6-13　醇类重整+变换反应制氢工艺流程

甲醇和乙醇制氢技术的工业应用主要面临成本高的问题。以乙醇为例，在乙醇水蒸气重整+变换的工艺中，所得到的氢气成本大约为 2.7 欧元/kg，而同等工艺要求下甲醇重整产氢成本仅为 1.55 欧元/kg；如采用乙醇自热重整+变换+PSA 的工艺，氢气成本估计高达 14.1 美元/kg。未来如能采用更低成本的生物乙醇有望降低制氢的成本。

2. 甘油制氢技术的经济性

经济可行性是限制甘油制氢技术应用的关键。2009 年美国阿贡国家实验室对利用甘油制氢进行了可行性分析。设定从源于可再生生物质的液体中制取氢气能源效率（定义为生产的氢气所带有的能量比上总的能量输入，能量输入包括原料、天然气和电能，并且电能中没有考虑电能生产和传输过程中的损耗）为 72.0%，同时氢气的价格为 3.80 美元/kg H_2。制氢工艺为甘油水蒸气重整，随后进行变压吸附以纯化氢气（图 6-14），重整过程在 20atm（约 2MPa）压力下进行，水碳比为 3，重整温度 800℃；随后进行 400℃ 水—气变换反应以转化过程中的 CO。经过重整和水—气变换后的气体产物分布见表 6-6。随后进入到变压吸附操作单元，得到的高纯氢气的回收率为 80%，并以 20atm 的压力离开系统。另一部分经过变压吸附留下来的气体中含有二氧化碳、甲烷以及部分未被回收的氢气，这些气体将进入到燃烧炉中给重整过程供热；当供热不足时，将以天热气为燃料进行补充。氢气的生产能力为每天 1500kg，操作在生产能力的 85%。在满足能量效率为 72% 的前提下，计算氢气的成本和各操作部分所占的比例。

表 6-6　重整产品的气体组成

重整产品	含量（%，摩尔分数）	重整产品	含量（%，摩尔分数）
H_2	65.52	CH_4	2.08
CO_2	28.76	H_2O	0.47
CO	2.17	烃类	痕量

如表 6-6 所示，甘油重整得到的氢气的价格为 4.86 美元/kg H_2（不含税），比氢气的目

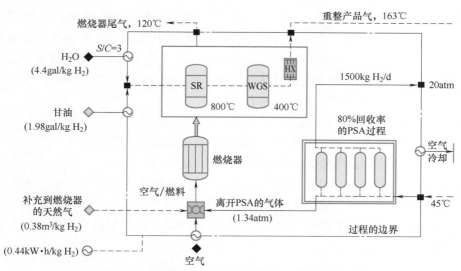

图 6-14　分布式甘油水蒸气重整制氢过程示意图

注：1gal＝3.78dm³，1atm＝0.1MPa

标价格 3.80 美元/kg H_2 高出 27%。图 6-15 展示了各部分成本在氢气价格中所占的比例：生产单元在氢气的成本中占了约 60%（2.97 美元/kg H_2），而其中原料的成本所占的比例最大；另外，近 40% 的成本属于燃料投入，其中基建投资为主要的成本支出。总的来说，原料成本占比最大（44%），其次为基建投入占 37%。

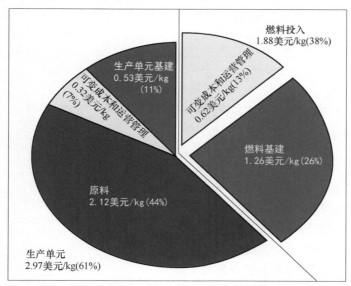

图 6-15　基础案例中的甘油重整制氢的成本分析

图 6-16 展示了在四种不同甘油价格下氢气成本受效率的影响。当甘油的价格处于高位时（>10 美分/lb⊖），效率对氢气的成本有着非常大的影响。在这样的甘油价格和 72% 效率

⊖　1lb＝0.453kg

的要求下，得到的氢气的价格将达到目标价格 50% 以上。而要满足设定的 3.80 美元/kg H_2 这一目标，则甘油的价格要在 5 美分/lb。此时，效率对氢气成本的影响已经十分小了。而当甘油价格进一步降低到 2.4 美分每磅时，当过程的效率超过 68% 后，提高效率反而会导致氢气成本的增加。这一结果的出现主要是由于效率要超过一定值，需要天然气作为燃料给重整过程供热，而天然气的成本要高于原料甘油。

据此，甘油制氢技术可以形成以下观点：

1）作为生物柴油工业发展的结果，甘油的供应将远超出对其的需求。

2）甘油是可再生的，同时也可以有效地转化为氢气。

3）当甘油的价格为 10.2 美元/lb 时，估算的氢气价格为 4.86 美元/kg。

4）氢气的价格对原料的价格高度敏感。

5）随着生物柴油产量的进一步增长，原料粗甘油的价格可望持续下降，使甘油制氢在技术经济上具有可行性。

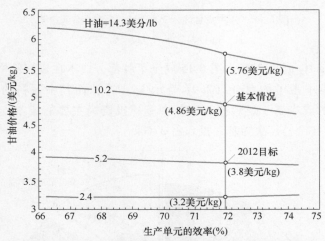

图 6-16　生产单元的效率和甘油的价格对氢气成本的影响

思 考 题

1. 常用的甲醇制氢催化剂有哪两种？

2. 乙醇制氢主要有哪几种方式？

3. 常用的乙醇制氢的催化剂有哪几种？

4. 请简述甘油气相重整制氢的反应机理。

5. 醇类重整制氢的反应器主要分为哪几类？

6. 关于甘油制氢技术的经济性的结论有哪些？

参 考 文 献

[1] SHISHIDO T, YAMAMOTO Y, MORIOKA H, et al. Production of hydrogen from methanol over Cu/ZnO and Cu/ZnO/AlLO₃ catalysts prepared by homogeneous precipitation: Steam reforming and oxidative steam reforming [J]. Journal of Molecular Catalysis A: Chemical, 2007, 268: 185-194.

［2］CHRISTIANSEN J A. A Reaction between Methyl Alcohol and Water and Some Related Reaction ［J］. Journal of the American Chemical Society, 1921, 43: 1670-1672.

［3］王卫平, 吕功煊. Co/Fe 催化剂乙醇裂解和部分氧化制氢研究 ［J］. 分子催化, 2002 (6): 433-437.

［4］JEONG H, KIM K I, KIM T H, et al. Hydrogen production by steam reforming of methanol in a micro-channel reactor coated with Cu/ZnO/ZrO₂/AlzO₃ catalyst ［J］. J Power Sources, 2006, 159: 1296-1299.

［5］袁丽霞. 电催化水蒸气重整生物油及乙醇制氢的基础应用研究 ［D］. 合肥: 中国科学技术大学, 2008.

［6］毛宗强. 制氢工艺与技术 ［M］. 北京: 化学工业出版社, 2022.

［7］PROFETI L P R, DIAS J A C, ASSAF J M, et al. Hydrogen production by steam reforming of ethanol over Ni-based catalysts promoted with noble metals ［J］. J Power Sources, 2009, 190: 525-533.

［8］VAIDYA P D, RODRIGUES A E. Glycerol Reforming for Hydrogen Production: A Review ［J］. Chemical Engineering 8. Technology, 2009, 32: 1463-1469.

［9］HIRAI T, IKENAGA N, MIYAKE T, et al. Production of hydrogen by steam reforming of glycerin on ruthenium catalyst ［J］. Energy &. Fuels, 2005, 19: 1761-1762.

［10］LUO N, ZHAO X, CAO F, et al. Thermodynamic study on hydrogen generation from different glycerol reforming processes ［J］. Energy &. Fuels, 2007, 21: 3505-3512.

［11］HUBER G W, DUMESIC J A. An overview of aqueous-phase catalytic processes for production of hydrogen and alkanes in a biorefinery ［J］. Catal Today, 2006, 111: 119-132.

［12］KALE G R, KULKARNI B D. Thermodynamic analysis of dry autothermal reforming of glycerol ［J］. Fuel Process Technol, 2010, 91: 520-530.

［13］GUO Y, LIU X, AZMAT M U, et al. Hydrogen production by aqucous-phase reforming of glycerol over Ni-B catalysts. International Journal of Hydrogen Energy, 2012, 37: 227-234.

［14］VALLIYAPPAN T. Hydrogen or syngas production from glycerol using pyprolysis and steam gasificationprocesses ［D］. Saskatoon: University of Saskatchewan. 2004.

［15］BUHLER W D, EDERER E, KRUSE. H. J, et al. Lonic reactions and pyrolysis of glycerol as competing reaction pathways in near- and supercritical water ［J］. Tournal of Supercrit Fluid, 2002, 22: 37-53.

［16］OCHOA-FERNDANDEZ E, HAUGEN G, ZHAO T, et al. Process design simulation of H_2 production by sorption enhanced steam methane reforming: evaluation of potential CO_2 acceptors ［J］. Green Chemistry, 2007, 9: 654-662.

［17］张超, 郎林, 阴秀丽, 等. 生物乙醇重整制氢反应器 ［J］. 化学进展, 2011, 23 (4): 810-818.

［18］YOUNES-METALER O, SVAGIN J, JENSEN S, et al. Microfabricated high-temperature reactor for catalytic partial oxidationof methane ［J］. Appl Catal A, 2005, 284: 5-10.

［19］MANZOLINI G, TOSTI S. Hydrogen production from ethanol steam reforming: energy efficiency analysis of traditional and membrane processes ［J］. Int J Hydrogen Energy, 2008, 33: 5571-5582.

第 7 章　氨分解制氢

液氨存储安全，能耗小，极易压缩；氨气是具有强烈刺激性气味的气体，比空气轻，泄漏后扩散快，不易积聚，氨的空气中燃烧范围为15%～34%（质量分数），范围较小；并且氨合成技术非常成熟，产品成本低。因此，氨作为氢的载体具有较大的应用前景。氨分解制氢技术与其他制氢技术相比无 CO 污染，且氨分解过程不用从外界引入氧气和水，流程比较简单，设备容易小型化，存储安全可靠，结构相对紧凑，价格较低，制氢规模灵活，有良好的应用前景。

7.1　氨分解制氢原理

7.1.1　氨分解制氢技术

液氨具有高体积能量密度和质量能量密度，分解只生成氮气和氢气，不产生 CO 等有害产物，因此氨分解制氢工艺具有经济性和安全操作简单性的特点。

氨作为氢源，用于质子交换膜燃料电池汽车或其他领域时也存在缺点：其一，氨气泄漏可能会引发中毒；其二，氨气的合成过程和氨分解为氢气的成果都需要消耗能源，且氢—氨—氢转换过程也会带来物料损耗，使其经济性备受质疑。但是，氨的刺激性气味有助于在发生泄漏时候引起人们警觉，及时采取措施。目前，已报道的氨分解途径主要有多相催化法、光催化法、氨电解法、高温热解法，以及等离子体法等。

1. 多相催化法氨分解

目前为止，研究人员普遍认为氨在催化剂表面的分解，主要是由催化剂表面吸附态的氨逐步脱氢过程组成的，氨分解反应的基元步骤如下：

（1）$2NH_3 \Longleftrightarrow 2NH_{3,ad}$ 　　　　　　　　吸附（NH_3）

（2）$2NH_{3,ad} \Longleftrightarrow 2NH_{2,ad} + 2H_{ad}$ 　　　初解离

（3）$2NH_{2,ad} \Longleftrightarrow 2NH_{ad} + 2H_{ad}$ 　　　次解离

（4）$2NH_{ad} \Longleftrightarrow 2N_{ad} + 2H_{ad}$ 　　　　次解离

（5）$6H_{ad} \Longrightarrow 3H_{2,ad} \Longrightarrow 3H_2$　　　　　　　脱附（H_2）

（6）$2N_{ad} \Longrightarrow N_{2,ad} \Longrightarrow N_2$　　　　　　　　脱附（N_2）

注："ad"代表吸附态。

通常来说，催化化学反应的核心在于加快速控步骤的速率。对于氨分解反应，其机理研究也主要集中在速控步骤。然而，究竟哪一步基元反应是氨分解反应的速控步骤，对不同的催化剂，速控步骤是不一样的。多数研究人员认为对贵金属（Ru、Ir、Pt、Pd）和 Cu 催化剂，其催化氨分解反应的速控步骤是 N-H 键的断裂；而当非贵金属催化剂（Fe、Co、Ni）用于催化氨分解反应时，速控步骤是催化剂表面氮原子的重组脱附。但是，由于氨分解反应是一个结构敏感型反应，研究人员在氨分解反应的很多机理问题上尚未取得共识，还需进行广泛而深入的研究。

2. 热催化法分解氨气制氢

这是目前工业界的主流方法，分解反应主要采用高温催化裂解，转化过程如下：

$$NH_3 \Longrightarrow 0.5N_2 + 1.5H_2 \quad \Delta H_{298K} = 46.11kJ/mol$$

该化学反应仅涉及 NH_3、N_2 和 H_2 三种物质，氨在一定温度下，经催化剂作用裂解为 75%（摩尔分数）氢气和 25%（摩尔分数）的氮气，并吸收 46.11kJ/mol 热量。由于该反应弱吸热且为体积增大反应，所以高温、低压的条件有利于氨分解反应的进行。根据热力学理论计算结果，常压 50℃时氨的平衡转化率可达 99.75%。但是，由于该反应为动力学控制的可逆反应，再加上产物氢在催化剂活性中心的吸附抢占了氨的吸附位，从而导致氨的表面覆盖度下降，产生"氢抑制"，表现为较低的转化率。目前，国内外市场上的氨分解装置大多采用提高反应温度（700～900℃）的方法来获得较高的氨分解率，这将大幅提高运行成本，降低市场竞争力。在进行氨分解研究的 80 余年里，学者们设计了形式多样的氨分解制氢催化剂，尽管开发的催化剂配方种类繁多，但本质上并未取得重大突破，无法实现氨的低温高效分解。

3. 低温等离子体技术用于氨分解

等离子体是由光子、电子、基态原子（或分子）、激发态原子（或分子）以及正离子和负离子几种基本粒子构成的集合体，宏观上呈电中性，是除气体、液体和固体外的第四种物态。

早在 20 世纪 30 年代，就出现了采用低温等离子体法分解氨气的研究，但是这些研究并不是以制氢为目的。直到氨气被视为一种可靠的非碳基氢源，低温等离子体分解氨气才用于制氢。较早的氨分解制氢的研究中，原料气都添加了大量的稀有气体 Ar 或者 He 以促进氨的分解，这很大程度上限制了其实用性。

现在研究者通过开展等离子体催化氨分解的研究，发现催化剂不仅利用等离子体中的电热使自身活化，而且可有效利用等离子体中的活性物促进氨的分解反应；等离子体不仅能促进反应物分子在催化剂表面的解离吸附，还可以促进催化剂表面吸附 N 原子的脱附。

7.1.2　氨分解制氢工艺

氨分解是一个典型的可逆吸热反应，在高温下，NH_3 在金属催化剂作用下，逐步脱氢生成 NH_2、NH、N，最终由两个 H 和两个 N 原子分别结合形成 H_2 和 N_2，如图 7-1a 所示。目前普遍认为氨分解基元反应主要包括以下步骤，NH$_3$ 吸附，N-H 键的断裂，以及 N-N 键和 H-H 键的再结合脱附过程，如图 7-1b 为氨分解基元反应示意图。其中 * 为催化剂的活性位点。

已有许多机理用于解释氨分解，但其中有部分机理是基于未达到氨分解成纯氢气测试条件下获得的结论。

氨分解的速控步骤可能有两种：

1）氨分子中第一个 N-H 键的断裂形成 NH$_2$ 和 H。

2）反应过程吸附在催化剂上 N 原子的重结合形成 N$_2$。

贵金属（如 Ru、Pt、Rh）催化剂作用下，速控步骤是 N-H 键的断裂；非贵金属（如 Fe，Co，Ni）催化剂作用下，速控步骤是氮原子重结合形成 N$_2$ 并脱附。

7.1.3 氨分解制氢催化剂

与甲醇重整反应相比，氨分解反应更经济，而且氨分解制氢产生更少的杂质。但是，质子交换膜燃料电池对于含量为 1×10^{-6} 的氨很敏感，未转化的 NH$_3$ 需要通过吸附剂来消除，使得 NH$_3$ 的含量降到 1×10^{-6} 以下。对于固体氧化物燃料电池，可以直接通入氨气，重整产生氢气发生电化学反应。然而，固体氧化物燃料电池的工作温度在 500～800℃，高温条件下制氢效率降低，因此迫切需

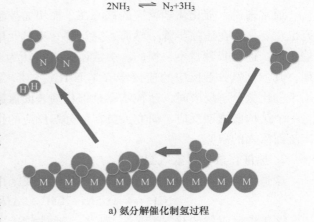

$$2NH_3 \rightleftharpoons N_2 + 3H_3$$

a) 氨分解催化制氢过程

$$*+NH_3 \rightleftharpoons NH_3^* \qquad (1)$$

$$*+NH_3^* \rightleftharpoons H^* + NH_2^* \qquad (2)$$

$$*+NH_2^* \rightleftharpoons H^* + NH^* \qquad (3)$$

$$*+NH^* \rightleftharpoons H^* + N^* \qquad (4)$$

$$N^* + N^* \rightleftharpoons N_2^* + 2* \qquad (5)$$

$$H^* + H^* \rightleftharpoons H_2^* + 2* \qquad (6)$$

b) 氨分解基元反应

图 7-1　氨分解制氢

要开发一种能够在低温下实现氨分解制氢并完全将氨转化的催化剂。

在过去的二十年中，氨分解催化剂的研究受到了广泛的关注。除铁（Fe）外，铂（Pt）、钯（Pd）、铑（Rh）和钌（Ru）等也已用于氨分解。研究表明，氨在不同催化剂作用下分解活性为 Ru>Ni>Rh>Co>Ir>Fe>Pt>Cr>Pd>Cu>>Te、Se、Pb。目前，Ru 基催化剂具有最好的催化活性，但其低温活性依然很低。450℃时，Ru 负载在碳纳米管（CNTs）上的活性低于 50%。

为了解决上述问题，催化剂的结构、合成方法、载体和助剂等成为研究重点。Ru 负载的 MgO 催化剂和 Ru 负载的 CNTs 催化剂，在掺杂碱助剂（KNO$_3$）后能有效提高催化剂的低温活性（<500℃）。有研究人员通过稳定 Ru 纳米颗粒的尺寸来提高催化剂的低温活性。例如，把 Ru 纳米颗粒包覆在稳定的多孔氧化物中，阻止活性物种烧结引起的快速失活。尽

管 Ru 基催化剂高效，但因其价格昂贵且资源有限，Ni、Fe 和 CO 等价格低廉的过渡金属催化剂仍是氨分解用催化剂的研究热点。

1. 主催化剂

（1）贵金属催化剂

Ru 基催化剂是氨分解反应催化剂最佳选择，但其低温活性依然很低。因此，一些研究人员通过改变活性金属的颗粒尺寸，增加活性位点的方法来提高 Ru 基催化剂的活性。最常用的方法是将活性金属分散在特定载体的表面，使其稳定活性金属。如果金属与载体之间的相互作用较强，则可能会改变活性金属的电子结构。活性金属钌已被负载于各种载体材料，包括碳纳米管，石墨，石墨烯纳米复合物和一些氧化物。

通过详细研究各种载体对 Ru 基催化剂的影响，发现 Ru 负载在碳纳米管 CNTs 上活性最高。但是 Ru 的资源有限且造价昂贵，难以实现在工业中大规模使用。除了 Ru 之外，氨分解活性较高的贵金属催化剂还有 Pt、Ir、Pd 和 Rh。

不同催化剂体系中贵金属催化剂的活性差异明显，但仍以 Ru 分解活性最高。研究者考察了 Ru、Rh、Pt 和 Pd 负载于 CNTs 载体中，在常压、400℃ 和 $30000mL/(g \cdot h)$ 条件下分解氨的催化活性，活性顺序为：Ru>Rh>Pt>Pd。有文献报道研究了 Ir，Pd，Pt 和 Rh 在不同温度（227~927℃）下的催化活性，以氮气产率作为衡量标准，催化剂活性大小为：Ir>Rh>Pt>Pd。此外，催化剂在不同载体环境中表现的催化能力也有区别，根据有关研究得知，Ru 在碱性载体中催化活性最好，实验表明以 MgO 为 Ru 基催化剂载体时氨分子转化率（TOF）明显提升。

（2）非贵金属催化剂

自然中，Ni 的储量较丰富，因此 Ni 基催化剂价格低廉、活性较高，被认为是一种比贵金属更具有工业前景的过渡金属催化剂。然而，Ni 基催化剂活性受本身组分分散度以及粒子粒径等因素制约，使用温度在 850~1150℃ 范围内，耗能较大，并且 Ni 在高温时容易团聚烧结，使用寿命缩短，在低温时又难以实现氨的高转化率。因此 Ni 催化剂体系在活性和稳定性方面有待加强。

以氧化铝作为载体对不同金属催化剂条件下氨分解的反应活性进行研究，活性顺序为 Ru>Ni>Rh>Co>Ir>Fe，可以看出非贵金属 Ni 基催化剂的活性甚至优于一些贵金属催化剂。考察红泥载体中 Ni 的负载量与其催化活性之间的关系，发现 Ni 的质量分数小于 9% 时，催化活性微弱；质量分数在 12%~18% 时，催化活性显著提升；之后再增加 Ni 的负载量，催化活性不升反降。这可能是由于 Ni 在含量较高时更容易团聚长大，分散度的下降导致其无法与氨充分接触；而氨分解反应对结构相当敏感，因此 Ni 催化剂只有在适宜的负载范围内才具有最高的氨分解活性。

人们在研究活性炭负载 Fe，Ni 催化分解氨时发现，Fe 的催化剂活性高于 Ni，其中 Fe-Mo/C 催化体系的反应活性最好，能够在 650℃ 条件下实现氨气的完全分解。但 Fe 基催化剂的活性组分是不稳定的 FeN_x，其易受 O_2、H_2O 等影响而失活，因而在氨分解催化剂的研究中，仍以 Ru、Ni 为主。目前还有研究表明合金催化剂，如 Fe-A1-K、Fe-Cr、La-Ni(-Pt) 和 La-Co(-Pt) 等，以及过渡金属的碳、氮化合物，如 MO_2N、Ni_xN_y、VC_x 等，对于氨同样具有较好的分解活性。

2. 载体

载体是固体催化剂的特有组分，可视为沉积催化剂的骨架，通常采用具有足够机械强度的多孔性物质。使用载体的目的是为增加催化剂比表面积，从而提高活性组分的分散度。近年来，随着对催化现象研究的深入，发现载体还具有增强催化剂的机械强度、导热性和热稳定性，保证催化剂具有一定的形状，甚至提供活性中心或起到助催化剂等作用。催化剂的活性、选择性、传递性和稳定性是反应的关键，而催化剂的载体是反应性能的关键参数，其孔结构、比表面等将对反应物及产物能量和质量的传递起着非常重要的作用，有些载体有可能和催化剂活性组分间发生化学作用，从而改善催化剂性能。常见的载体类型有碳基载体、金属氧化物、氧化硅、分子筛等。

碳由其特殊的比表面积和结构、良好的热稳定性和表面活性，常用来作为金属、金属氧化物载体，在化工方面应用广泛。通过研究规整、高分散性的介孔碳 CMK-5 为载体的 γ-Fe_2O_3 催化剂，较前面研究的铁基催化剂和 NiO/Al_2O_3 活性要好。

石墨烯材料同样具有高的比表面积、良好的导电能力，能够对催化剂粒子起支持作用。

MgO 熔点超过 2800℃，具有极好的稳定性、抗压强度和吸附性。Al_2O_3 的比表面积较高，是一种多孔性、高分散度的固体材料，其吸附性能、表面酸性及热稳定性都符合催化作用的要求。

MgO 和 Al_2O_3 已被广泛应用于氨分解催化剂中。SiO_2 在酸性介质中良好的稳定性，这是区别于其他催化剂载体的最大特点，可用于很多金属氧化物不适合的情况。AC 的主要成分是碳，还掺有少量 H、O、N、S 和石灰，因此在不同制备条件下能呈现不同的酸碱性；但 AC 的机械强度不大，导致其应用范围较窄。碳纳米管（CNTs）是一类新型催化剂载体，其规整的孔状结构和较高的比表面积以及出色的导电性，有助于增强活性组分的分散和活化，有利于提高催化剂活性。

人们研究 Ru 在不同载体 CNTs、MgO、TiO_2、Al_2O_3、AC 对氨分解的催化活性，结果表明，Ru/CNTs 体系的活性最高。这方面的原因可能在于 CNTs 具有独特的电化学性能，有利于与 Ru 之间的电子传递；另外，CNTs 较高的比表面积也能提高 Ru 的分散度。该研究还发现，强碱性载体制备的催化剂活性更高，也更有利于氮的脱附。

3. 助催化剂

碱金属、碱土金属、过渡金属和贵金属均是氨催化分解的良好助剂，同样它们也被应用于氨催化分解用催化剂体系中。助催化剂的主要作用是增强主催化剂的有效活性、选择性及稳定性。研究表明，K、Ba 和 Cs 都是氨催化分解催化剂的理想助剂。碱金属属于电子助剂，能够丰富金属粒子周围的电子环境，通过促进 N 原子在主催化剂表面的吸附结合提高体系的催化活性，例如碱金属 K 和 Cs；碱土金属具有电子助剂和结构助剂的双重功效，同时提高催化剂的催化活性和热稳定性。

有学者研究了 CeO_2 作为助剂对氨分解催化体系 Ni/Al_2O_3 的活性影响，结果表明，助剂的添加有效抑制了 Ni 的烧结，并促进 N 原子在 Ni 表面的再结合脱附，提高主催化剂的分散度和还原度，降低氨分解反应的活化能，改善了催化体系的活性和稳定性。因此，催化剂的组分、助剂的电子效应和载体性质对催化剂的氨分解反应的活性都有非常重要的影响。

7.2　氨分解制氢的热力学

表 7-1 是不同温度、压力下氨分解反应的平衡转化率。可见，常压下，温度高于 873.15K，氨的平衡转化率接近百分之百。

表 7-1　氨分解热力学平衡转化率　　　　　　　　　　（单位：%）

温度/K	压力/（100kPa）					
	1	2	3	4	5	6
473.15	52.24	29.48	15.57	5.81	~0	~0
523.15	80.93	67.08	56.09	47.20	39.82	33.59
573.15	92.39	85.81	79.84	74.45	69.56	65.10
623.15	96.69	93.64	90.70	87.89	85.23	82.67
673.15	99.16	98.34	97.54	96.76	96.02	91.16
723.15	99.59	99.13	98.70	98.27	97.86	95.24
773.15	99.75	99.50	99.26	99.02	98.78	97.27
823.15	99.85	99.70	99.55	99.41	99.26	98.35
873.15	99.90	99.81	99.72	99.62	99.53	98.94
923.15	99.94	99.87	99.81	99.75	99.68	99.30

氨分解是一个可逆的吸热反应。从表 7-1 可以看出，在常压、400℃（673.15K）时，理论上氨基本能完全分解转化。然而实际上氨分解的活化能非常高，在常压及不加催化剂的条件下，即使反应温度高达 700℃（923.15K），氨分解的实际转化率也不超过 10%。在高温低压条件下，NH_3 可经催化作用逐步脱氢生成 NH_2、NH、N，最后两个 H 和两个 N 原子分别结合形成 H_2 和 N_2。因此开发能够降低反应活化能的催化剂是促进氨有效分解的重要手段。

7.3　氨分解制氢的动力学

早期研究氨的分解机理时，认为 N 原子的脱附为反应的速率控制步骤，氮原子是催化剂表面分布最普遍的成分，其吸附和脱附速率取决于表面覆盖率。

尽管这种机理能解释当时的大多数反应，但对于另一些反应却并不能给出合理解释。近些年来研究人员逐渐发现，在不同温度范围内氨分解反应受不同的动力学机理控制。氨催化分解一般在 580~630℃ 的温度区间内，反应主要受化学反应控制，在 630~700℃ 的温度区间内，反应受扩散影响较为严重，700℃ 以上，反应在一定程度上受平衡的影响。

研究者发现，在镍质量分数 10% 和 15% 的镍基催化剂上，氨分解率随着 NH_3 的分压增加而增加，H_2 分压的增加而降低，而 N_2 对其没有明显影响。在 400~440℃ 的温度范围内，其动力学表达式为：

$$-dP_{NH_3}/dt = k(P_{NH_3}/P_{H_2})^{0.45}$$

当温度升至 460℃ 时，其反应级数从 0.45 变为 1.0，温度在 460~500℃ 之间的分解率为：

$$-\mathrm{d}P_{\mathrm{NH_3}}/\mathrm{d}t = k\left(P_{\mathrm{NH_3}}/P_{\mathrm{H_2}}^{0.45}\right)$$

温度高于 500℃ 时，氢的反应级数随着反应温度的增加而降低，当温度升至 600℃ 后，反应级数变为 0，即反应速率与 P_{H2}，无关，速率表达式为：

$$-\mathrm{d}P_{\mathrm{NH_3}}/\mathrm{d}t = kP_{\mathrm{NH_3}}$$

随着温度的升高，表面氮化物随着氢吸附量的降低不断形成，当温度达到 600℃ 以上，氢吸附量 0，表面完全被吸附的氮原子所覆盖，且氮原子的脱附速率取决于表面氮化物的浓度，而表面氮化物的浓度与氨浓度有关，其余中间反应步的速率很快，因此当温度较高时 NH_3 的影响不断增大而 H_2 的影响不断降低。

工业上设计的反应器主要是使气流与催化剂颗粒外表面的传递过程能强烈进行，氨分解反应速率很快，在 1~1.5s 内即可完成，外扩散阻力可以忽略不计，氨分解反应主要受内扩散控制。内扩散速率主要受催化剂颗粒的大小和反应温度影响，粒径越大，温度越高，内扩散阻力越大。另外，内扩散速率还与催化剂颗粒的空隙率、内孔径大小、孔道的曲折程度以及颗粒本身的特性有关。

7.4 氨分解制氢工艺

7.4.1 氨分解制氢工艺流程

氨分解制氢工艺包括氨分解反应以及提纯氢气两部分。氨分解制氢工艺流程如图 7-2 所示。

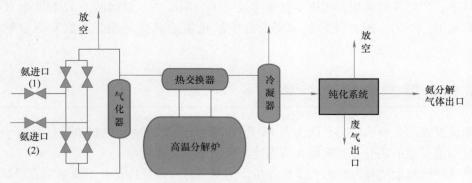

图 7-2 氨分解制氢工艺流程

氨瓶中流出的液态氨首先进入氨气化器。气化采用水浴加热的形式，气化器为管板式换热器，管程通氨，壳程为由电热器加热的热水，热水和液氨进行换热，使液氨汽化并升温至一定温度、压力的气态氨。

气态氨经减压阀组调压后降压，再经过与高温分解炉出来的高温气体进行换热，预热后的氨气便可进入高温分解炉了。

在高温和催化剂的作用下，氨分解成含 75%H_2（摩尔分数），25%N_2（摩尔分数）的氢氮混合气体。混合气体经过热交换器后，再经过水冷却式冷凝器使温度降至常温。

自然界中的氢总是以其化合物如水、碳氢化合物等形式存在，因此，在制备氢时就不可避免地带有杂质。氢气中带有杂质，就带来了安全隐患，容易发生爆炸，这就要求对氢气原料进行纯化。

当氨分解制氢设备所产生的氢气合格后，进入氢气纯化作进一步提纯处理，提纯氢气部分详细内容见第 9 章。

7.4.2　氨分解制氢工艺设备

1. 高温分解炉

在氨分解制氢工艺中最重要的设备是高温分解炉。国内外现有的氨分解装置产气压力均低于 0.1MPa。当采用氨分解气作为气体加氢除氧的氢源时，由于其产气压力与待净化的气体压力不相适应，将因为氨分解气量的波动而导致待净化气体加氢除氧效果的不稳定，因此，目前一般氨分解装置为承压式分解反应器，如图 7-3 所示。

承压式氨分解反应器由反应罐、电热元件、保温层和外罐组成。反应罐是一个内、外壁有通道相通的直立罐，反应罐的外壁绕有电热元件，反应罐内装有镍基催化剂。当气氨进入分解炉时，先经反应罐外壁的电热元件加热，再由反应罐底部进入装有催化剂的反应罐内。由于气体的流通阻力很小，反应罐内外壁的气压几乎相等，从而使罐壁处于内、外气压相平衡的状态，罐壁两边压力相互抵消，使反应罐在不承压的状态下工作。

氨分解炉根据加热带的位置，可以分为外热式和内热式。图 7-4 所示是一种外热式的分解炉，即加热带在反应部分的外面。

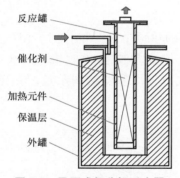

图 7-3　承压式氨分解反应器

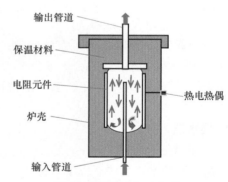

图 7-4　外热式氨分解炉

内热式氨分解炉内气体反应如下：氨气经过氨管从环形喷管上的小孔喷出，进入反应管流动时被加热开始分解。当氨气由反应管下部孔板进入反应管内与催化剂碰上时，分解就得以迅速而充分进行。气体从反应管上端弯管经汇流管流出。这时流出的气体就是分解得到的 H_2 与 N_2 的混合气体。对两种加热方式的分解炉进行试验对比后发现，内热式具有残液量少和较外热式节省电量 25% 左右的优点。

2. 冷凝器

冷凝器的作用主要是将压缩机排出的高压过热制冷剂蒸气进行冷却，使其成为饱和或过冷液体。常用的有水冷却式冷凝器和空气冷却式冷凝器两种。

（1）水冷却式冷凝器

水冷却式冷凝器是用水将制冷剂冷凝时放出的热量带走。冷却用水可以一次性使用，也可以在配有冷却塔或冷水池的条件下循环使用。常用的卧式管壳式冷凝器和立式管壳式冷凝器结构示意图如图7-5所示。工作时，制冷剂在壳内管外，冷却水在管内，实现热量的传递。为了增强热交换的效果，两种介质通常为逆向流动。

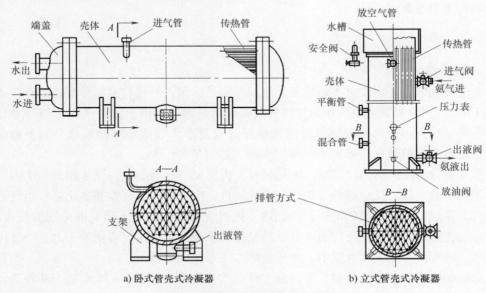

a) 卧式管壳式冷凝器　　　　b) 立式管壳式冷凝器

图 7-5　管壳式冷凝器结构示意图

（2）空气冷却式冷凝器

空气冷却式冷凝器是通过空气将制冷剂冷凝时放出的热量带走。工作时，空气在管外流动，制冷剂在管内冷凝，实现热量的传递。为了增强热交换的效果，通常在管外（空气侧）设置肋片。轻烃生产中常用的强制流动式空气冷凝器结构示意图如图7-6所示。

3. 换热器

（1）热量传递方式

热量传递的方式主要有以下三种。

1）热传导：依靠物体中微观粒子的热运动，如固体中的传热。

2）热对流：流体质点（微团）发生宏观相对位移而引起的传热现象，对流传热只能发生在流体中，通常把传热表面与接触流体的传热也称为对流传热。

3）热辐射：高温物体以电磁波的形式进行的一种传热现象，热辐射不需要任何介质做媒介；在高温情况下，辐射传热成为主要传热方式。

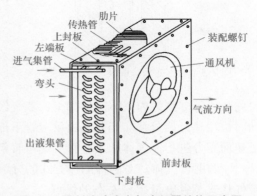

图 7-6　强制流动式空气冷凝器结构示意图

（2）换热器的分类

1）换热器的种类很多，就换热原理来分，可以分为三大类：

① 间壁式换热器：冷、热流体被固体传热表面隔开，而热量的传递通过固体传递面而进行，这类换热器通常称为管壳式、板式换热器等。

② 直接接触式换热器：冷、热流体直接接触进行热量交换。

③ 蓄热式换热器：冷、热流体交替通过传热表面，冷流体通过时贮存冷量，热流体通过时带走冷量。

2）按传热方式的结构分类：固定管板式、浮头式、U 形管壳式、外填料函式、填料函滑动管板式、双壳程、单套管、多套管、外导流筒、折流杆式、热管式、插管式换热器等。

（3）各种常用换热器

1）管壳式换热器：管壳式换热器的应用已有很悠久的历史。图 7-7 是一种最简单的管壳式换热器的示意图。它由许多管子组成管束，管束构成换热器的传热面。因此此类换热器又称为列管式换热器。

管壳式换热器把换热管与管板连接，再用壳体固定。它的形式大致分为固定管板式、浮头式、U 形管壳式、外填料函式、填料函滑动管板式、釜式重沸器等几种。

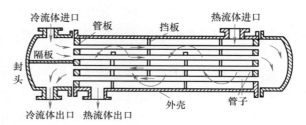

图 7-7　管壳式换热器的示意图

2）板式换热器。板式换热器包括板片式换热器、螺旋板式换热器和板翘式换热器，它们通常被称为紧凑式换热器。其中应用最广泛的是板片式换热器，简称板式换热器。

（4）换热器的选用

换热器选用时，根据具体生产情况做出选择，也可以遵循以下原则：

1）天然气与天然气、天然气与低温凝液的换热，宜选用板翘式换热器，材质应采用铝合金材料。温度较高的场合，可采用螺旋板式换热器。温度较低的场合，还可以采用绕管式换热器。

2）原料气、凝液、冷剂用水冷凝冷却时，应采用易清垢的换热器。如果采用密闭循环水冷却，采用化学清垢或不会结垢时，可不受此限制。

3）凝液与凝液的换热，宜选用板翘式、螺旋板式或板式换热器。

4）冷剂换热器，宜选用管壳式、螺旋板式、板翘式或绕管式。

7.4.3　氨分解制氢工艺生产风险

1. 生产过程主要危险有害因素分析

根据氨分解制氢生产工艺特性及危险物质特性，按照生产工艺布置划分危险源辨识及风险评价单元，采用危险与可操作分析法、事故树分析法、故障类型及影响分析法等方法，对氨分解制氢生产工艺进行危险有害因素分析，氨分解制氢生产工艺主要危险有害因素为火灾爆炸、中毒窒息、灼烫和腐蚀。

（1）火灾爆炸

1）火灾、化学爆炸。氨分解制氢生产过程中存在的氢气火灾危险性为甲类，氨火灾危险性为乙类，这些物质与氧化剂接触遇到火源时有发生火灾爆炸的危险，引火源包括明火、高热、摩擦或撞击火花、电气火花、静电火花、雷电等。存在氨（液氨）、氢气的设备、管道、阀门损坏或法兰连接处密封不严造成氢气、氨气泄漏；开停车过程中，若设备及管道未用惰性气体置换，或置换不合格；装置无防雷防静电接地设施或设施有缺陷；操作人员进入作业场所时穿了化纤衣物、带铁钉鞋或用钢质工具敲打设备；电气设施、电线电缆出现过负荷、过电流、过热、漏电、短路等情形，均有可能引发火灾、化学爆炸事故。

2）物理爆炸。氨分解制氢生产过程中涉及的压力容器或压力管道，有可能因操作失误或设备故障发生超压导致物理爆炸。如冷却水系统发生故障，使氨分解炉不能及时冷却，从而造成超温、超压进而导致爆炸事故；液氨贮罐、液氨中间罐、氨气化器、净化装置吸附筒等压力容器上安全阀、压力表等安全附件失灵，致使使用压力超过设计工作压力或储罐充装量过大时可能导致容器爆炸；系统停电或温度控制系统失灵等原因致使液氨剧烈汽化导致压力迅速升高，从而可能引起容器爆炸；选材不当或存在焊接缺陷、腐蚀、疲劳、超期使用等致使容器承压能力降低，可能造成容器超压爆炸。

（2）中毒窒息

氨分解制氢的原料氨属有毒物质，低浓度的氨对黏膜有刺激作用，高浓度的氨可造成生物组织溶解坏死，并可引起反射性呼吸停止。如果生产装置、设备、容器、管道密闭不良或违章检修、操作失误等造成氨外溢、泄漏，若通风不良、防护不当或处理不及时，则很可能发生中毒、窒息事故。

生产过程中存在的氮气（压缩）属窒息性气体，若发生大量泄漏致使作业环境空气中氮浓度过高时，可能发生作业人员窒息事故。

（3）灼烫

灼烫包括化学灼伤、高温烫伤、低温冻伤等。生产过程中使用的液氨若发生泄漏接触或进入人体，会使皮肤、器官、眼睛受到化学灼伤的伤害。氨分解炉内温度高达870℃，若隔热保温措施不良或高温物料泄漏，有可能造成人员高温烫伤事故。液氨发生泄漏若接触人体，会因其温度较低且汽化时吸收热量造成局部过冷，导致人员低温冻伤。

（4）腐蚀

氨分解是在温度850~870℃，压力0.23MPa的工艺条件下进行，高温和一定压力下氢氮气作用在材料表面，氮气可与钢材中的元素生成氮化物使钢材变脆变硬；氢气能渗入钢材内部与碳相互作用生成甲烷而使钢材脱碳，甲烷无法存在于钢材中，只能沿晶界以气体的形式逸出，能形成很高的压力，从而造成裂纹和鼓包现象，产生所谓"氢脆"现象。渗氮和氢蚀脱碳作用，会使设备、管道等受不同程度的腐蚀危害，导致设备管道机械强度降低，易造成泄漏、爆炸事故的发生。

2. 安全技术措施

设备设施本质安全是确保氨分解制氢生产安全的基础和前提，根据氨分解制氢生产工艺特性及危险有害因素分析结果，采用以下安全技术措施可有效控制事故风险。

1）建筑物防火防爆设计应满足"建筑设计防火规范"的要求，且防火间距符合规定。

2）设备、管道、阀门、法兰、仪表应选型、选材合理，安装合规。

3）设备、管道应采取有效的隔热保温、防腐措施。

4）在有毒性危害及具有化学灼伤危险的作业区，应设置必要的洗眼器、淋洗器等安全防护措施，其服务半径应小于 15m，并根据作业特点和防护要求，配置急救箱和个人防护用品。

5）在氨、氢易泄漏区域应设置氨气、氢气泄漏检测报警仪并和防爆轴流风机连锁；还应设置安全警示标志。

6）在装置场所设置明显"禁止""危险""警告""注意"等安全标志和安全色。有爆炸危险性场所必须设置"易燃易爆场所""严禁烟火""严禁接打手机"等安全警示标志。根据氨的性质，在醒目处设毒物周知卡。

7）氨分解制氢工艺过程应采用自动控制，检测控制点应包括温度、压力、液位、流量等，生产、储存装置应装有带压力、液位、温度、流量远传记录和报警功能的安全装置。

8）液氨储罐上应设置安全阀；氢气管道上应设放空管，管口处设阻火器。

9）液氨储罐出口液相管应设紧急关断阀；液氨储罐上部应设置水喷淋系统；氨分解装置、净化装置及管道上均应设通入氮气的接头；氨储存区应备有泄漏应急处理设施；厂房、配电室、控制室均应配备应急照明设施。

10）若液氨数量构成危险化学品重大危险源，应按规定设置符合要求的监控设施，并设置重大危险源安全警示标志。

11）生产、使用氢气、氨气的车间及贮氨场所应使用防爆型的照明、通风系统和设备。电缆应使用阻燃型电缆，电气线路连接过程中所需的连接件均采用隔爆型。从属于爆炸危险环境厂房通向控制室的电缆保护管、电缆槽，在分界处应采用阻燃材料进行严密封堵。

12）防雷、防静电设施的设置应符合国家相关标准规范的要求。

13）压力容器、安全附件等强检设备、防雷防静电设施应按规定定期检验。

14）按照国家标准、行业标准配置消防设施、器材，设置消防安全标志，并定期组织检验、维修，确保完好有效。保障疏散通道、安全出口、消防车通道畅通。

15）加强设备设施的日常检查及维护保养工作，并进行记录。

7.5　氨分解制氢的优缺点及经济性

7.5.1　氨分解制氢的优缺点

采用醇类或汽油重整法制备氢气，原料中均含有碳元素，重整气中的一氧化碳会对燃料电池的贵金属电极造成毒化作用。氨气不含碳元素，故不会有一氧化碳生成，整个分解制氢工艺是一个零碳排的过程。氨气制造技术成熟，是遍布全球的基础产业，产品价格低，制取相对比较容易。但是，氨分解产物中会存在少量反应不完全的氨气以及一定的氮气，这不利于燃料电池的电解质以及电极催化剂的正常运行，需要增加分离过程对其予以分离、脱除。

氨气的毒性比较低，而且具有强烈的刺激性气味。一旦氨气泄漏，人们可以迅速地察觉，并及时采取补救措施。氨气的爆炸极限范围很窄，只有在空气中的质量分数为 15%～34%时才会燃烧。氨气的密度比空气密度小，一旦泄漏，其扩散速度较快。同时，空气中的氨气易于与其他元素发生反应，或者被植物等吸收。

氨为氮氢化合物（NH_3），分子组成中氢的质量分数为17.6%，能量密度3000W·h/kg，高于汽油、甲醇等燃料。氨的密度为$0.7kg/m^3$，在常温、常压下是以气态形式存在。增加压力或降低温度，都可以使氨气液化。因此氨以液态形式存在便于储存和运输，液氨的储存比较安全，能耗较小。氨不易燃，燃烧范围不大，因而氨是一种清洁的高能量密度氢能载体。

在众多储氢化合物中，甲醇因拥有较高的氢体积密度（$100kgH_2/m^3$）和氢质量密度（12.5Wt%）被提出作为一种储氢材料，然而甲醇在汽车中原位释放氢气的同时伴随$CO_x(x=1, 2)$副产物的产生；另外一些含氢的金属化物（如$NaAlH_4$，$LiAlH_4$，$Mg(BH_4)_2$）也被提出作为储氢材料，但是其较低氢质量密度和活泼的化学性质无法达到满足现实储存和运输的要求。L. Green Jr 在1982年首次提出使用氨作为能源，并且提出通过核反应堆释放出来热量用于氨分解。

氨作为储氢材料，首先氨具有以下优势：

1）已经成熟地将哈伯法合成氨的过程应用到工业上，全球每年氨的产量约为$1×10^9$t。

2）氨能够在20℃（~0.8MPa）或大气压力（-33.35℃的条件下液化储存）。

3）氨的能量密度（$3000Wh·kg^{-1}$）和高载氢能力（质量分数17%）。

4）氨分解产物为N_2和H_2，而没有碳氧化物产生；同时氨和氨的相关化学物也可以直接用作燃料用于燃料电池，或者通过分解释放出无CO_x物的氢气用于燃料电池，避免了CO_x使Pt电极中毒的现象。

5）未反应的氨可以通过适宜的吸收剂将氨的含量降低到$200×10^{-9}$。

早期的研究主要集中在利用氨，以及金属铵盐作为储氢的能源载体和从液体燃料如氨硼烷、肼和甲酸中产生氢。近些年来，一些包含大量重量比的氨和碳的化合物（如碳酸铵、碳酸氢铵和尿素）也被认为是可能的潜在储氢载体。如果用于合成这些材料的碳来自生物质或CO_2捕获，那么大量合成这些化合物将有助于缓解温室气体二氧化碳的排放。

总结起来，氨分解制氢工艺有以下主要优点：

1）相关技术成熟。氨的合成、运输、利用技术及其基础设施十分成熟，这就为氨制氢路线的推广提供了较好的背景支持。

2）价格低廉。目前氨的市场价格大约是汽油的1/3、天然气的1/2、氢的1/2。氨分解制氢工艺的大规模推广必然会推动合成氨工业的飞速发展，而规模化生产将继续降低氨分解制氢的成本。

3）储氢量高。氨分解制氢体系的质量储氢量的理论值是17.6%，高于甲醇水蒸气重整（12.5%）、汽油水蒸气重整（124%）、氢化物水解（8.6%）等制氢体系。

4）易于储存。在室温下，800~1000kPa即可使氨气液化。

5）安全性好。在标准状态下，氨气空气体系的爆炸极限较窄，仅为（15%~34%，质量分数），远远优于氢气空气体系（18.3%~59%，质量分数）。

6）环境友好。经燃料电池单元综合利用后，尾气仅为N_2和H_2O并可直接排空，全程不会产生有害气体。

7）流程简单。由于氨分解制氢过程不产生CO，因此不需要烃类制氢装置所必需的水—气变换，选择氧化等单元制氢流程简单，设备的重量和体积小，负荷中小规模制氢灵活而经济的原则。

它的主要缺点是氨分解产物中会存在少量反应不完全的氨气以及一定的氮气，不利于燃料电池的电解质以及电极催化剂的正常运行，需要增加相应的分离工艺。

7.5.2　氨分解制氢的经济性

使用氨分解制氢装置与其他用氢方式经济分析。

1. 成本计算

（1）氢气价格

一般市场上普通氢气的价格是 18 元/瓶，一瓶氢气在 15MPa 压力下标准体积是 $6m^3$，实际上每瓶只有 $4.5m^3$ 左右，即普通氢气价格是 4 元/m^3 左右。

市场上纯氢的价格是 68 元/瓶，即纯氢价格是 15 元/m^3 左右。

（2）氨分解制氢氢成本

每 kg 液氨可制得混合气体 2.78 标准立方米，液氨市场价 3200 元/t 左右，每立方米氨分解气所需液氨 1.15 元，氨分解的额定功率一般为 $1kW \cdot h/m^3$，但实际上每立方米气体耗电量为额定功率的 40% 左右，如 $1kW \cdot h$ 价格为 0.8，每立方米氨分解气消耗的电费为 $0.8×40\% = 0.32$，这样算出来每立方米混合气体运行成本为 1.47 元。

2. 举例说明

一家企业每小时自用氢气需求为 $2m^3/h$，24 小时的氢气用量 $48m^3$。

1）如用普通瓶氢，普通瓶装氢价格为 4 元/m^3，一天生产的氢气总价为 48×4 = 192 元。

2）如用氨分解制氢，氨分解制氢价格为 1.47 元，一天的制氢成本为 48×1.47 = 70.56 元。

相比较而言，如用氨分解氢一天可节省费用为 192 - 70.56 = 121.44 元，一年可节省 121.44×365 天 = 40725.6 元，$5m^3/h$ 氨分解制氢炉链纯化装置价格为 1.4 万元，液氨钢瓶 2 个投资为 5 千元左右，总投资为 1.9 万元，这样投资 6 个月就能收回。

以上分析可以看出氨分解制氢具有明显好的经济效益。

思　考　题

1. 氨分解制氢的原理是什么？现阶段氨分解制氢都有哪些方法？

2. 请概括氨分解制氢的工艺流程。

3. 氨分解过程中会用到哪些工艺设备？

4. 氨分解炉都有哪些形式？它们的主要区别是什么？

5. 氨分解制氢过程中主要危险因素有哪些？如何避免？

6. 结合教材内容，查阅资料，说明氨的运输方式有哪些？各自的优缺点是什么？

7. 氨分解制氢技术的优缺点有哪些？

8. 根据所学内容，查阅相关资料，说明氨分解制氢的常用催化剂是哪些？制约催化剂发展的主要因素是哪些？

参 考 文 献

[1] 佚名. 氨分解经济分析 [EB/OL]. (2018-10-03) [2023-05-03]. https://wenku. so. com/d/b785ff80a6342d0 cfd9759a6b45bac7b.

[2] 于丽丽，成兆坤. 液氨的运输与储存安全设计问题探讨 [J]. 山东化工，2020，49：150-151.

[3] 孙帅其. 负载型双金属催化剂用于氨分解制氢 [D]. 大连：大连理工大学，2017.

[4] 胡秀翠. 纳米催化材料的制备及其催化其催化氨分解制氢反应研究 [D]. 济南：山东大学，2019.

[5] 黄传庆. 稀土氧化物负载钌和镍催化氨分解制氢性能研究 [D]. 南昌：南昌大学，2019.

[6] 严晓栋. 新型非贵金属 Fe，Ni 基纳米催化剂的结构调控与催化制氢性能 [D]. 上海：华东理工大学，2017.

[7] 邱书伟，任铁真，李裙. 氨分解制氢催化剂改性研究进展 [J]. 化工进展，2018，37（3）：1001-1002.

[8] 郭红卫. 氨分解制氢生产工艺风险防控 [J]. 河南冶金，2013，21（5）：54-56.

[9] 范清帅，唐浩东，韩文锋，等. 氨分解制氢催化剂研究进展 [J]. 工业催化，2016，24（8）：20-22.

[10] 徐也茗，郑传明，张韫宏. 氨能源作为清洁能源的应用前景 [J]. 化学通报，2019，82（3）：21-216.

[11] 梁力友，代茂节. 变压吸附制氢工艺集气技术进展 [J]. 乙烯工业，2017，29（4）：18-20.

[12] 李旭，蒲江涛，陶宇鹏. 变压吸附制氢技术的进展 [J]. 低温与特气，2018，36（2）：43-44.

[13] 王一帆. 氨分解制备燃料电池用氢过程模拟和能效分析 [D]. 上海：华东理工大学，2015.

[14] 刘艳. 用于燃料电池的氨分解制氢过程系统模拟与能效分析 [D]. 上海：华东理工大学，2012.

[15] 姜宏、蔡晓玲. 氨分解在浮法玻璃生产线上的实际应用 [J]. 玻璃与搪瓷，2008，36（6）：24-26.

[16] 吴素芳. 氢能与制氢技术 [M]. 杭州：浙江大学出版社，2021.

[17] 李星国. 氢与氢能 [M]. 北京：机械工业出版社，2012.

[18] 毛宗强. 制氢工艺与技术 [M]. 北京：化学工业出版社，2022.

第8章 生物质能制氢

生物质的种类繁多,资源量大,分布也很广,根据来源可以将常见的生物质分为:农林生物质资源,水生生物质资源等;一些城乡工业和生活有机废弃资源成分尽管不同于生物质,也不具有再生性,但由于其可回收利用的特点,有时也将其作为一种类似生物质的资源考虑(表 8-1)。生物质构成复杂,主要成分有由纤维素、半纤维素和木质素等高分子物质组成,还有少量的单宁酸、脂肪酸、树脂和无机盐,它是可再生资源。

表 8-1 常见生物质分类

生物质分类	生物质种类
农林生物质资源	农作物残渣和秸秆,森林生长和林业生产过程产生的生物质资源(秸秆、稻壳、木材废料、锯末面等)
畜禽粪便资源	禽畜排泄物的总称(粪便,尿与垫草的混合物)
水生生物质资源	水生藻类,浮萍等各种水生植物
城乡工业和生活有机废弃资源	城乡生活以及工业化生产产生的富含有机物的污水及固体废弃物等(有机垃圾,污泥,废弃轮胎,废弃塑料等)

生物质作为一种能源物质,相比于化石能源具有许多优点:

1)生物质资源分布广泛,可再生,储量丰富。只要有太阳能存在,生物质能就会取之不尽,用之不竭;光合作用每年将 2×10^{11} t 的碳固定在生物质中,产生 3×10^{15} GJ 生物质能,但是只有 1/10 被充分利用。

2)低污染性。生物质能在燃烧过程中释放的二氧化碳的量与其生长所需要的二氧化碳的量大体相同,因此,生物质能对生态环境的污染几乎为零。

3)生物质资源的价格相对低廉。合理地利用生物质资源不仅可以缓解化石能源的消耗,同时也可以促进经济的增长。

4)可储存性。与其他的可再生能源如太阳能、风能和水能等相比,生物质能是能够被储存并具有可运输性的。

生物质可直接用于发电和生产高附加值化学品,也可以用于制氢,它可以是绿色氢气的重要来源。生物质制取的氢气既能直接燃烧利用其热能，也可通过氢燃料电池发电。生物质直接发电后，也可通过电解水制氢储能，这与通常的电解水制氢并无不同。本章主要介绍生物质发酵制氢、热化学制氢和生物制乙醇、乙醇制氢。生物质转化利用途径如图 8-1 所示。

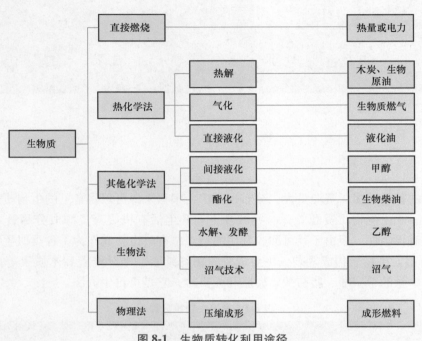

图 8-1　生物质转化利用途径

8.1 生物质发酵制氢

20 世纪 90 年代后期，人们以碳水化合物为供氢体，直接用厌氧活性污泥提供天然产氢微生物，通过厌氧发酵成功制备出了氢气。生物发酵制氢所需要的反应器和技术都相对比较简单，使生物制氢成本大大降低。经过多年研究发现，产氢的菌种主要包括肠杆菌属（Enterobacter）、梭菌属（Clostridium）、埃希氏肠杆菌属（Escherichia）和杆菌属（Bacillus）。

目前，生物发酵制氢主要分 3 种类型：纯菌种与固定化技术相结合，其发酵制氢的条件相对比较苛刻，现处于实验阶段；利用厌氧活性污泥对有机废水进行发酵制氢；利用高效产氢菌对碳水化合物、蛋白质等物质进行生物发酵制氢。生物发酵产氢过程包括：生物光解产氢，光发酵以及暗发酵。与其他生物产氢过程相比，暗发酵的方式原料来源广泛，可利用多种工农业固体废弃物和废水，暗发酵生物制氢示意图如图 8-2 所示。此外，暗发酵产氢的速率高且无须太阳能的输入。因此，从能源和环境角度，利用废弃生物质进行发酵产氢具有前景广阔，更容易实现规模化和工业化生产。

8.1.1 生物质发酵制氢原理

生物发酵制氢过程，不依赖光源，底物范围较宽，可以是葡萄糖、麦芽糖等碳水化合物，也可以用垃圾和废水等。其中葡萄糖是发酵制氢过程中首选的碳源，发酵产氢后生成乙酸、丁酸和氢气，具体化学反应如下：

$$C_6H_{12}O_6+2H_2O \rightarrow 2CH_3COOH+2CO_2+4H_2$$

$$(8\text{-}1)$$

$$C_6H_{12}O_6+2H_2O \rightarrow CH_3CH_2COOH+3CO_2+5H_2$$

$$(8\text{-}2)$$

根据发酵制氢的代谢特征，将发酵制氢的机理归纳为两种主要途径：丙酮酸脱羧产氢，产氢细菌直接使葡萄糖发生丙酮酸脱羧作用，将电子转移给铁氧化还原蛋白，被还原的铁氧化还原蛋白再通过氢化酶的催化，将质子还原产生 H_2 分子，或者丙酮酸脱羧后形成甲酸，再经过甲酸氢化酶的作用，将甲酸全部或部分分裂转化为 H_2 和 CO_2；$NADH+H^+/NAD^+$ 平衡调节产氢，将经过 EMP 途径产生的 $NADH+H^+$ 与发酵过程相耦合，$NADH$ 被氧化为 NAD^+ 的同时，释放出 H_2 分子，它的主要作用是维持生物制氢的稳定性。

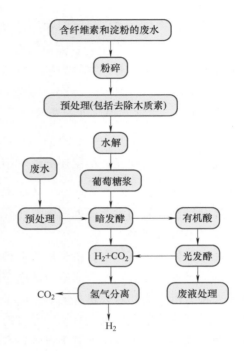

图 8-2　农业废弃物和食品工业废水、纤维素/淀粉生物制氢示意图

8.1.2　接种物的选择及处理方式

发酵细菌在产氢代谢过程中，由于所处的环境、生物类群不同，最终的代谢产物不同。根据所用的微生物、产氢底物及产氢机理，生物制氢可以分为 3 种类型：

1）绿藻和蓝细菌（俗称蓝藻）在光照、厌氧条件下分解水产生氢气，通常称为光解水产氢，或蓝、绿藻产氢。

2）光合细菌在光照、厌氧条件下分解有机物产生氢气，通常称为光解有机物产氢、光发酵产氢或光合细菌产氢。

3）细菌在黑暗、厌氧条件下分解有机物产生氢气，通常称为黑暗（暗）发酵产氢或叫发酵细菌产氢。

1. 光解水产氢（蓝、绿藻产氢）

蓝细菌和绿藻在厌氧条件下，通过光合作用分解水产生氢气和氧气，所以通常也称为光分解水产氢途径。它的作用机理和绿色植物光合作用机理相似，这一光合系统中，具有两个独立但协调起作用的光合作用中心：接收太阳能分解水产生 H^+、电子和 O_2 的光合系统 Ⅱ（PS Ⅱ），以及产生还原剂用来固定 CO_2 的光合系统 Ⅰ（PS Ⅰ）。PS Ⅱ产生的电子，由铁氧化还原蛋白（Fd）携带经由 PSn 和 PS Ⅰ 到达产氢酶，H^+ 在产氢酶的催化作用下在一定的条件下形成 H_2。因此，除氢气的形成外，绿色植物的光合作用规律和研究结论可以用于藻类新陈代谢过程分析。产氢酶是所有生物产氢的关键因素。绿色植物没有产氢酶，所以不能产生氢气，这是藻类和绿色植物光合作用过程的区别。

2. 光合细菌产氢

光合细菌产氢和蓝、绿藻一样都是太阳能驱动下光合作用的结果，但是光合细菌只有一个光合作用中心（相当于蓝、绿藻的光合系统Ⅰ），由于缺少藻类中起光解水作用的光合系统Ⅱ，所以只进行以有机物作为电子供体的不产氧光合作用。光合细菌光分解有机物产生氢气的生化途径为：$(CH_2O)_n \rightarrow Fd \rightarrow$ 氢酶 $\rightarrow H_2$。以乳酸为例，光合细菌产氢的反应的自由能为 8.5kJ/mol，化学方程式可以表示如下：

$$C_3H_6O_3 + 3H_2O \xrightarrow{\text{光照}} 6H_2 + 3CO_2 \tag{8-3}$$

此外，研究发现光和细菌还能够利用 CO 产生氢气，反应式如下：

$$CO + H_2O \xrightarrow{\text{光照}} H_2 + CO_2 \tag{8-4}$$

光合细菌产氢的示意图如图 8-3 所示。

3. 发酵细菌产氢

在异养微生物群体中，由于缺乏典型的细胞色素系统和氧化磷酸化途径，在厌氧生长环境中的细胞面临因氧化反应而造成的电子积累问题，当细胞生理活动所需的还原力，仅依赖于一种有机物的相对大量分解时，电子积累问题尤为严重。因此，它们需要特殊的调控机制来调节新陈代谢中的电子流动，通过产生氢气消耗多余的电子就是调节机制中的一种。研究表明，大多数厌氧细菌产氢来自各种有机物分解所产生的丙酮酸的厌氧代谢，丙酮酸分解有甲酸裂解酶催化和丙酮酸铁氧还蛋白（黄素氧还蛋白）氧化还原酶两种途径。厌氧发酵产氢有两条途径，一是甲酸分解产氢途径，二是通过 NADH 的再氧化产氢，称为 NADH 途径。黑暗厌氧发酵产氢的示意图如图 8-4 所示。

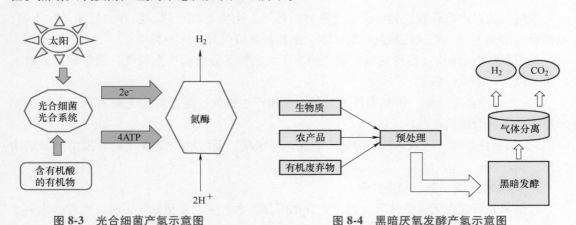

图 8-3　光合细菌产氢示意图　　　　图 8-4　黑暗厌氧发酵产氢示意图

黑暗厌氧发酵产氢和光合细菌产氢联合起来组成的产氢系统，称为混合产氢途径。图 8-5 是混合产氢系统中发酵细菌和光合细菌，利用葡萄糖产氢的生物化学途径和自由能变化。厌氧细菌可以将各种有机物分解成有机酸，获得它们维持自身生长所需的能量和还原力，为消除电子积累产生出部分氢气。如图 8-5 所示，由于反应只能向自由能降低的方向进行，在分解所得有机酸中，除甲酸可进一步分解出 H_2 和 CO_2 外，其他有机酸不能继续分解，因此发酵细菌产氢效率很低，这是发酵细菌产氢实际应用面临的主要障碍。而光合细菌可以利用太阳能彻底分解有机酸，释放出有机酸中所含的氢原子。但是，由于光合细菌不能直接利用淀粉和纤维素等复杂的有机物，只能利用葡萄糖和小分子有机酸，所以光合细菌直接利用废弃的有机资源产氢效率同样很低，甚至得不到氢气。利用发酵细菌可以分解几乎所有的有机物为小分子有机酸的特点，将原料利用发酵细菌进行预处理，接着用光合细菌进行氢气的生产，两者优势互补可以提高氢气产量。

尽管纯菌被广泛用于暗发酵产氢的研究，然而混合菌种在实际中更容易获得。此外，混合微生物种群间的相互协

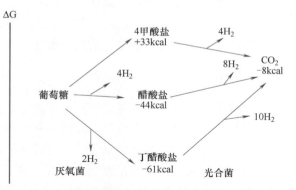

图 8-5　发酵细菌和光合细菌联合产氢生化途径

作，使其在处理复杂的生物质原料时更有活力。以兼性厌氧菌 Streptococcus 和 Klebsiella 为例，它们可消耗环境中氧气，从而为严格厌氧产氢菌 Clostridium 的生存创造了更适宜的环境。

Streptococcus 菌还可以在颗粒污泥中与产氢菌 Clostridium 形成网状结构，从而起到强化颗粒污泥结构的作用。而另外一些微生物可协助降解纤维素等复杂的有机原料，提高氢气产率。混合菌种的来源丰富，包括消化污泥、活性污泥和环境中取得的土壤等。在一些情况下，原料本身就含有产氢微生物，无须外接接种。

环境中得到的混合菌种作为接种物还需要进行处理。处理手段设定的依据主要围绕产氢菌 Clostridium 可形成芽孢这一特性进行，通过接种物处理可使代谢途径向产氢方向进行，提高氢气产率。主要的接种物处理手段包括：热处理、酸处理、碱处理、化学处理、冻融处理、超声处理以及以上方式的结合。然而，研究表明仅仅接种物处理并不能完全抑制耗氢类微生物，产丙酸和乳酸微生物（Propionibacterium，Sporolactobacillus）等部分耗氢类微生物，也可以形成芽孢，并在处理过程中生存下来。

8.1.3　反应 pH 值

溶液的 pH 值会影响细菌微生物的代谢，直接影响到产氢微生物细胞内部氢化酶的活性、细胞的氧化还原电位、代谢产物的种类和形态、基质的利用性，是影响生物发酵制氢工艺的重要参数之一。pH 值的高低直接影响到代谢的产物，当 pH 为中性时，发酵代谢产物以酸类为主，当 pH 值较低时，发酵代谢产物主要是酮类和醇类。例如，乙醇型发酵最佳的产氢 pH 值为 4.2~4.5，丁酸型的发酵最佳产氢 pH 值为 6.0~6.5。因此，最佳的产氢 pH 值范围通常认为是在 5~6.5 之间。适宜的 pH 值能提升产氢效率，低 pH 值可抑制耗氢的产甲烷反应。大量研究表情，通常在弱酸性的条件下，发酵微生物产氢效率较高。

8.1.4　温度

温度会影响生物发酵细菌产氢代谢的速度，不同发酵产氢细菌的产氢温度存在较大差

异。暗发酵产氢按照发酵温度的差别，可分为环境温度（20~25℃）、中温（35~39℃）、高温（40~60℃）以及超高温（>60℃）发酵，而在实际工程中，以环境温度发酵最为经济可行。研究结果表明，大部分发酵产氢菌属于嗜温菌，目前还没有常温发酵产氢菌的报道；而高温发酵产氢菌的报道也很少，最高的温度为55℃时，可以达到较好的产氢效果。

8.1.5 原料

暗发酵产氢原料广泛，包括制糖业垃圾、污泥、生活垃圾、市政垃圾、厨余垃圾、畜禽粪污和农作物秸秆等。原料对生物发酵制氢效率的影响是很明显的，理论研究时通常采用葡萄糖、蔗糖、淀粉、纤维素等分子结构比较简单的碳水化合物原料。而以有机废弃物作为原料的生物发酵制氢就变得非常复杂，废水来源不同，原料的成分就千差万别。研究表明，碳水化合物含量高的原料产氢效果，要优于蛋白质和脂质含量高的。碳水化合物是主要的产氢来源，因此碳水化合物含量较高的原料，例如厨余垃圾、食品加工企业的废弃垃圾等，产氢过程中氢气浓度高、产氢速率快、氢气产率高。原料中的 C/N 比也对发酵产氢有重要的影响，对于产氢过程最佳 C/N 比没有较为统一的结论，这可能与各试验中采取的接种物，原料以及 pH 值之间的差异有关。对于利用有机废弃物进行生物发酵制氢，首先对这些成分复杂的废弃物进行预处理；使废弃物中的有机物可以或者易于被产氢微生物所利用。通常的预处理方法有 5 种，即超声波振荡处理、酸处理、灭菌处理、冻融处理和添加甲烷菌抑制剂。研究结果表明，冻融和酸处理的产氢效果最好，其次是灭菌处理。

原料中无机营养元素对发酵制氢菌细胞的生长是必需的，无机营养元素的添加可以直接影响生物发酵制氢的进程，例如 Fe，作为细胞内酶活性中心的重要组成部分，可以维持生物大分子和细胞结构的稳定性，氢化酶的活性随着铁的消耗而下降；铁也是铁氧化还原蛋白的重要组分。另外，磷元素，金属元素 Mg、Na、Zn 对发酵产氢也有重要的影响，适当补充钙离子可以提高产氢颗粒污泥系统中的微生物浓度，提升产氢速率。

8.2 生物质热化学制氢

热化学转化制氢是指将生物质通过热化学方法转化为富含氢的合成气，根据应用的需要可再通过水气变换和气体分离获得氢气的方法。目前研究的制氢技术主要有生物质气化制氢、生物质热裂解制氢、生物质超临界水气化制氧、生物质油制氢技术等。

生物质热解气化制氢工艺可以归纳为表 8-2。

表 8-2　生物质热解气化制氢工艺

工艺名称	工艺条件	产品	优缺点
热解制氢	低温热解（<500℃）	有益于焦炭的生产	常用工艺，需进一步提高氢气产率
	中温热解（500~800℃）	有益于焦油产量的提高	
	高温热解（>800℃）	主要产物为合成气（H_2、CO_2，CO 等）	
超临界水气化制氢	超临界水（$T_c = 374℃$，$p_c \geqslant 22.1MPa$）	产生 H_2、CO_2、CO、CH_4 和 $C_2 \sim C_4$，烷烃等可燃性混合气体，液体产物中含有少量的焦油和残炭	高能耗、难以规模化且应用范围较窄

（续）

工艺名称	工艺条件	产品	优缺点
熔融金属气化制氢	反应温度达到 1300℃	能得到非常纯净的合成气：合成气中的 H_2 体积分数为 13.8%，接近于热力学平衡条件下的 H_2 体积分数	高能耗、难以规模化且应用范围较窄
等离子体热解气化制氢	—	产物为固体残渣和气体，没有焦油存在	高能耗、难以规模化且应用范围较窄

8.2.1　生物质气化制氢

生物质气化制氢是指在 800~900℃ 高温条件下，生物质原料与气化剂（空气、氧气、水蒸气）发生复杂的氧化还原反应，将生物质原料转化为以 H_2、CO 及小分子烃类为主的气体燃料，再进行气体分离从中得到纯氢的过程。生物质气化所产生的可燃气体统称为生物质燃气。

生物质气化制氢在生物质气化炉中发生，由于生物质气化粗气中的焦油含量高且焦油在 1473K 以上的高温下，才可以通过热裂解除去，因此，一般在气化反应器后加上焦油催化裂解床层，这既能降低焦油含量，又能通过甲烷水蒸气重整反应提高氢气浓度，它的工艺流程如图 8-6 所示。

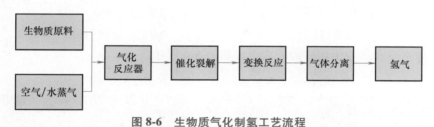

图 8-6　生物质气化制氢工艺流程

生物质气化技术的分类有多种形式，采用较多的分类方法是气化剂和气化装置分类。

1. 按照气化剂分类

按照气化剂分类，生物质气化可以分为空气气化、氧气气化、水蒸气气化、空气—水蒸气气化等几种。其中，以氢气或富氢气体为目的生物质气化工艺多以水蒸气为气化剂，经过气化反应及烃类的水蒸气重整反应，产品气中氢气含量达到 30%~60%（体积分数），并且产气热值较高，可达 10~16MJ·N/m³。描述生物质气化反应的典型反应方程式见式（8-5），由原料和气化后气体构成的典型组成如表 8-3 所示。

$$生物质 + O_2（或 H_2O）\rightarrow CO,CO_2,O_2,H_2O,H_2,CH_4 + 其他碳氢化合物$$
$$\rightarrow 焦油 + 焦炭 + 灰 \qquad\qquad (8-5)$$
$$\rightarrow HCN + NH_3 + HCl + H_2S + 其他硫化物$$

表 8-3　生物质气化产气典型组成

组分	CO	H_2	CH_4	CO_2	H_2O	C_2	N_2	NH_3	H_2S
体积分数（%）	15	10	5	14	11	1	44	0~0.3	0.01

2. 根据气化装置分类

根据气化装置不同，生物质气化可以分为固定床气化、流化床气化和携带床气化，其中携带床气化应用较少。

固定床气化是将生物质原料由炉子顶部加料口投入固定床气化炉中，物料在炉内基本上按层次进行气化，反应产生的气体在炉内的流动靠风机来实现，炉内的反应速度较慢。固定床气化的特征是一个容纳原料的炉膛和一个承托反应料层的炉排。根据气流在炉内的流动方向，固定床气化又可以细分为上吸式、下吸式、横吸式等类型。在运行方面，为了提高气化效率及氢气产率等，固定床气化炉对于原料的要求更高，一般都要成型，原料费用较高。

流化床气化是将粉碎的生物质原料投入炉中，气化剂由鼓风机从炉体底部吹入炉内，物料的气化反应呈"沸腾"状态，反应速度快。按照炉子结构和气化过程，流化床可细分为鼓泡流化床、循环流化床、双流化床和气流床等类型。流化床气化炉结构较固定床更加复杂，故投资高，运行控制相对复杂。

典型的生物质木屑组成质量分数为：C 48%，O 45%，H 6%以及少量 N、S 和矿物质，其分子式可以写为 $CH_{1.5}O_{0.7}$，以此为依据可计算氢的理论产率。如果生物质与含氢物质（例如水）反应，则氢产率则是生物质最大氢含量的 2.7 倍。生物质与水蒸气气化反应方程式可以表示为：

$$CH_{1.5}O_{0.7}+0.3H_2O \rightarrow CO+1.05H_2 \qquad \Delta H_{298K}=74kJ \cdot mol^{-1} \qquad (8-6)$$

$$CO+H_2O \rightarrow CO_2+H_2 \qquad \Delta H_{298K}=-41.19kJ \cdot mol^{-1} \qquad (8-7)$$

其他几种主要农林业生物质的元素组成如表 8-4 所示。

表 8-4　几种主要农林业生物质的元素组成

种类	元素分析结果/（%，质量分数）				
	C	H	O	N	S
麦秸	49.6	6.2	43.4	0.61	0.07
稻草	48.3	5.3	42.2	0.81	0.09
稻壳	49.4	6.2	43.7	0.3	0.4
玉米秸	49.3	6.0	43.6	0.7	0.11
玉米芯	47.2	6.0	46.1	0.48	0.01
棉秸	49.8	5.7	43.1	0.69	0.22
花生壳	54.9	6.7	36.9	1.37	0.1
杨木	51.6	6.0	41.7	0.6	0.02
柳木	49.5	5.9	44.1	0.42	0.04
松木	51.0	6.0	42.9	0.08	0.00

注：采用干燥、无灰生物质成分。

反应式（8-6）中生物质与水蒸气催化重整的机理如下：生物质解离吸附于金属活性位置；H_2O 吸附于催化剂表面；金属部位发生脱氢反应，生成烃类的中间产物；在适宜的温度下，烃基转移到金属活性位置，使烃的中间产物和表面碳氧化生成 H_2O 和 CO。

催化剂的构成和性质与所适用的工艺流程密切相关，已发表的研究报道中所采用的催化剂根据组成可归为三个系列：天然矿石系列、碱金属系列，镍基系列。不同生物质的反应器、催化剂、反应条件和氢气浓度如表 8-5 所示。

表 8-5　生物质气化制氢概况

物料	反应器	催化剂	温度/℃	H_2（%，体积分数）
木屑	未知	Na_2CO_3	700	48.31
		Na_2CO_3	800	55.4
		Na_2CO_3	900	59.8
木屑	循环流化床	无	810	10.5
木材	固定床	无	550	7.7
木屑	流化床	未知	800	57.4
未知	流化床	Ni	830	62.1
木屑	流化床	K_2CO_3	964	11.27
		CaO	1008	13.32
		Na_2CO_3	1012	14.77
松木屑	流化床	未知	700~800	26~42
甘蔗渣				29~38
棉秆				27~38
桉木				35~37
松木				27~35
污泥	沉降炉	未知	未知	10~11
杏壳	流化床	La-Ni-Fe	800	62.8

在生物质气化制取富氢气体工艺中，气化炉是主要设备和技术核心。气化炉具体结构有很大不同，总体上可分为固定床、流化床气化炉等。固定床中催化剂和生物质紧密接触，有利于生产富氢气体，但是固定床难以达到快速热解，并且催化剂失活问题突出。流化床是相对稀相体系，固体催化剂和生物质的密度差异也会带来突出问题。

8.2.2　生物质热裂解制氢

生物质热裂解制氢是在隔绝空气或供给少量空气的条件下对生物质进行加热，使其分解为含 H_2、CO 的气态产物和焦油。然后，对热解气态产物进行第二次催化裂解，使焦油继续裂解以增加气体中的氢含量，再经过重整反应，然后对气体采用变压吸附或膜分离的方式进行分离提纯，得到产品 H_2。具体工艺流程如图 8-7 所示。热解反应类似于煤炭的干馏，由于不加入空气，得到的是中热值燃气，燃气体积较小，有利于气体分离。

图 8-7　生物质热裂解制氢工艺流程

生物质热裂解是个复杂的过程，整个过程存在许多可能的化学反应，例如，基本反应：

$$生物质 \rightarrow 炭 + 液体(含焦油) + 气体 \tag{8-8}$$

焦油的二次裂解反应：

$$重烃焦油 \rightarrow 炭 + 轻烃焦油 + H_2 + CH_4 + CO + H_2O + CO_2 \tag{8-9}$$

$$焦油 + H_2O \rightarrow H_2 + CH_4 + CO + \cdots \tag{8-10}$$

$$焦油 + CO_2 \rightarrow H_2 + CH_4 + CO + \cdots \tag{8-11}$$

轻烃的裂解反应：

$$C_2H_6 \rightarrow C_2H_4 + H_2 \qquad \Delta H_{298K} = 137kJ \cdot mol^{-1} \tag{8-12}$$

$$C_2H_4 \rightarrow CH_4 + C \qquad \Delta H_{298K} = 126.2kJ \cdot mol^{-1} \tag{8-13}$$

水蒸气与气体的反应：

$$H_2O + CO \rightarrow CO_2 + H_2 \qquad \Delta H_{298K} = -41.19kJ \cdot mol^{-1} \tag{8-14}$$

$$H_2O + CH_4 \rightarrow CO + 3H_2 \qquad \Delta H_{298K} = 206.2kJ \cdot mol^{-1} \tag{8-15}$$

碳与气体的反应：

$$C + 2H_2 \rightarrow CH_4 \qquad \Delta H_{298K} = -74.9kJ \cdot mol^{-1} \tag{8-16}$$

$$C + CO_2 \rightarrow 2CO \qquad \Delta H_{298K} = 74.35kJ \cdot mol^{-1} \tag{8-17}$$

炭和水蒸气的反应：

$$C + H_2O \rightarrow CO + H_2 \qquad \Delta H_{298K} = 822kJ \cdot mol^{-1} \tag{8-18}$$

这里仅列举了所发生化学反应的一小部分，实际过程复杂得多，目前尚不能精确描述整个反应过程。总的反应趋势是朝着生成简单物质的方向进行，大分子物质通过一连串的反应，逐步转化为小分子气体和炭。

由于能够得到品质较高的气体产物，生物质隔绝空气的热裂解受到越来越多的重视，但针对热解制氢的研究相对较少。同时值得指出的是，一级热裂解的温度一般都在 750℃以上。

8.2.3 生物质超临界水制氢

Modell 于 1985 年首次报道了以锯木屑为原料的超临界水气化（Super Critical Water Gasificafion，SCWG）制氢过程。

生物质超临界水制氢适合含水率较高的湿生物质（如马铃薯淀粉凝胶、水葫芦等）制氢。生物质超临界水制氢是以生物质和水为原料，按一定的比例混合后，在超临界条件下（压力 22~35MPa、温度 450~750℃），无催化剂或均相、非均相催化剂的条件下进行热化学反应制取氢气。均相催化剂主要有碱及碱金属盐如 KOH、NaOH、KHCO₃ 等，非均相催化剂主要以贵金属或过渡金属作为催化剂活性组分负载于载体上，甚至合金压力反应器的器壁也有催化效应。以葡萄糖为例，超临界水气化制氢过程的总反应方程式如式（8-19）所示，其中包括原料水蒸气重整反应、CO 变换反应、甲烷化反应等，它们总体上是强吸热反应。

$$C_6H_{12}O_6 + 5H_2O \rightarrow 5.5CO_2 + 0.5CH_4 + 10H_2 \qquad \Delta H_{298K} = 501.4kJ \cdot mol^{-1} \tag{8-19}$$

由于超临界水基本上可以溶解大部分的有机成分和气体，反应后只剩下极少量的残炭，生物质气化率非常高（超过 90%），气体产物中氢气的体积分数也很高（可达 50%），并且产物中几乎不存在焦炭和焦油的问题，且反应中涉及 CO 变换反应，因此产物中 CO 很低（约 3%，体积分数），不需要另外增设 CO 变换装置。超临界水气化的另一个优点是 CO_2 作为主要的副产物，在高压水中的溶解性比 H_2 大，可以利用高压水将 H_2 和 CO_2 分离，使 H_2 的纯度达到（90%，体积分数）以上。此外，还有湿生物质无须干燥就可进料，因此，不用耗费能量去干燥等优点。

超临界转化制氢技术尚处于萌芽期，由于反应在超临界水中进行，现有的常规设备都不可用，甚至在超临界条件下原料如何输送到反应器中也是一个难题。

8.3　生物乙醇制氢

生物乙醇是指通过微生物发酵转化各种生物质得到的乙醇。相对于化石燃料及甲醇制氢，生物乙醇水蒸气重整制氢具有一些明显的优点：

1）乙醇能源密度较高、低毒、安全性好。

2）乙醇制氢具有低碳或无碳特性。乙醇在生产及制氢过程中会放出二氧化碳，但生物质生长能够吸收大量的二氧化碳，使得自然环境中的碳循环过程基本平衡，达到低碳或无碳排放。

3）乙醇在催化剂上具有热扩散性，可以在低温范围内进行重整制氢反应。

4）乙醇易于储存、运输和再分配，且不含易使燃料电池铂电极中毒的硫。

5）相对于甲醇制氢，乙醇可以从可再生能源中获得。乙醇可通过谷物的发酵和生物质降解得到。近年来利用生物质非粮作物生产乙醇已经开始规模化因此利用乙醇制氢有广阔的市场前景。

当前，生物乙醇制氢的研究方法有乙醇水蒸气重整制氢、乙醇自热氧化制氢、乙醇氧化重整制氢等。乙醇制氢工艺内容见第 6 章 6.2 节。

8.4　生物质能制氢的优缺点及经济性

生物质热解和气化制氢在技术上都较为成熟，虽然一些生物质原料存在特有的工艺问题，但总体来说技术的可行性较高。生物质热解和气化技术主要的障碍来自其经济性。表 8-6 对比了生物质热解和气化技术制氢的效率和成本。生物质热解和气化技术的氢气成本高达传统甲烷重整技术 1.6~3.2 倍，没有竞争力。降低生物质热解和气化技术产氢成本，可通过使用更廉价的生物质废弃物资源来实现，但这有赖于生物质资源的收集、存储、输运等环节效率的不断进步。

表 8-6　生物质热化学制氢技术与甲烷水蒸气重整技术的对比

产氢方法	能量效率	氢气成本	产能和发展趋势
甲烷水蒸气重整	83%	0.75 美元/kg	大规模，成熟技术
生物质气化	40%~50%	1.21~2.42 美元/kg	中等规模，技术可行
生物质热解	56%	1.21~2.19 美元/kg	中等规模，技术可行

根据加氢站每天氢气用量测算，假定每个加氢站每天需要氢气量为 300～500kg，在此基础上对整个气化制氢工艺进行计算，采用生物质固定床气化，气化剂选用空气/水蒸气，产气量预计为 $2m^3/kg$，重整和变压吸附效率选 70%，则每千克生物质（干基）产氢气的量的计算结果见表 8-7。

由表 8-7 得到每千克生物质最终得到 $0.54Nm^3H_2$，即 0.0482kg，那么当 H_2 需求量为 500kg/天时，每天需要气化 500/0.0482＝10373kg 生物质。制氢成本包括原料成本、原料成型成本气化成本、净化成本、变换成本及 PSA 成本等。把这些成本都折算为原料成本，制氢成本合计见表 8-8。

表 8-7　每千克生物质产氢气量计算表

气体成分	体积分数（%）	每千克产气/Nm^3	重整后得氢气/Nm^3	吸附后得氢气/Nm^3
H_2	12	0.24	0.24	—
CO	18	0.36	0.252	—
CH_4	5	0.1	0.28	—
C_nH_m	1	0.02	—	—
CO_2	16	0.32	—	—
其他 N_2	48	0.96	—	—
总计	100	2	0.772	0.54

表 8-8　制氢成本合计

序号	项目	折算吨原料成本/（元/t）
1	原料及成型成本	350
2	气化系统及运行成本	240
3	净化系统及运行成本	120
4	变换系统及运行成本	220
5	PSA 及运行成本	300

表 8-8 对生物质气化制氢成本进行了估算统计，制氢成本折算到每吨原料生物，以氢气为基准可计算制氢成本为 2.28 元/m^3 氢气。由于采用变压吸附所得到的氢气纯度无法满足燃料电池车用要求，必须在变压吸附（鉴于固定床空气气化合成气中含有大量的氮气）后面加上提纯，这样造成合成气变换、净化以及提纯的工艺流程会很长，工艺系统复杂。

生物质制氢既保护生态环境，又生产清洁能源，具有双重优点。特别是在生物质丰富的地区，从长远来看，生物质制氢法将会是制氢工业中最具潜力的技术。

思 考 题

1. 生物法制氢的主要途径有哪些？
2. 简述生物质制氢的特点。
3. 简述生物质发酵制氢的原理。

4. 生物质气化制氢的原理和类型有哪些?

5. 简述生物质热裂解制氢的原理。

6. 简述生物质超临界水制氢的原理。

7. 简述生物乙醇制氢的特点。

8. 结合所学,分析生物质能制氢的优缺点。

参 考 文 献

［1］孔黎红. 生物质催化热解制氢研究［D］. 淮南: 安徽理工大学, 2013.

［2］李亮荣, 李秋平, 艾盛, 等. 传统化石与新型生物质能源重整制氢研究现状［J］. 化学与生物工程,
　　2021, 38（11）: 1-6.

［3］朱冬梅. 绿色能源之生物质能的应用研究进展［J］. 天津化工, 2021, 35（6）: 7-9.

［4］刘伟, 刘聪敏, GOGOI P, 等. 生物质发电、制氢以及低温电化学研究进展综述［J］. Engineering, 2020,
　　6（12）: 47-74.

［5］陈冠益, 孔鞢, 徐莹, 等. 生物质化学制氢技术研究进展［J］. 浙江大学学报（工学版）, 2014,
　　48（7）: 1318-1328.

［6］陈志远. 生物质气固同步气化高效制氢研究［D］. 上海: 华东理工大学, 2016.

［7］应浩, 余维金, 许玉, 等. 生物质热解与气化制氢研究进展［J］. 现代化工, 2015, 35（1）: 53-57+59.

［8］马国杰, 郭鹏坤, 常春. 生物质厌氧发酵制氢技术研究进展［J］. 现代化工, 2020, 40（7）: 45-49+54.

［9］张晖, 刘昕昕, 付时雨. 生物质制氢技术及其研究进展［J］. 中国造纸, 2019, 38（7）: 68-74.

第 9 章　副产氢气的回收与提纯

许多工业生产过程中会产生含氢尾气，如炼油厂的炼厂气、合成氨弛放气，合成氨中的变换气、精炼气，炼焦过程产生的焦炉煤气，以石脑油为原料制取的城市煤气，氯碱工业的副产气、催化裂化干气、油田转化气、甲醇裂解气等。

目前，氢气分离和提纯的方法主要有深冷分离法、变压吸附法、膜分离法。这三种工艺分离原理不同，特性各异。在设计中选择合适的氢提纯方法，不仅要考虑装置的经济性，同时也要考虑很多其他因素的影响，如工艺的灵活性、可靠性、扩大能力的难易程度、原料气的含氢量，以及氢气纯度、杂质含量对下游装置的影响等。

9.1　变压吸附法

变压吸附（Pressure Swing Adsorption，PSA）是一种气体吸附分离技术。最早在 1960 年 Skarstrom 提出了 PSA 专利，他以 5A 沸石分子筛为吸附剂。用一个两床 PSA 装置，从空气中分离出富氧，该过程经过改进，于 20 世纪 60 年代投入了工业生产。70 年代，PSA 的工业应用取得了突破性的进展，主要应用在氧氮分离、空气干燥与净化以及氢气净化等。

任何一种吸附对于同一被吸附气体（吸附质）来说，在吸附平衡情况下，温度越低，压力越高，吸附量越大。反之，温度越高，压力越低，则吸附量越小。因此，气体的吸附分离方法，通常采用变温吸附或变压吸附两种循环过程。

如果压力不变，在常温或低温的情况下吸附，用高温解吸的方法，称为变温吸附（简称 TSA）。

如果温度不变，在加压的情况下吸附，用减压（抽真空）或常压解吸的方法，称为变压吸附（简称 PSA）。

9.1.1　变压吸附原理

1. 基本原理

吸附是指当两种相态不同的物质接触时，其中密度较低物质的分子在密度较高的物质表面被富集的现象和过程。具有吸附作用的物质（一般为密度相对较大的多孔固体）被称为吸附剂，被吸附的物质（一般为密度相对较小的气体或液体）称为吸附质。吸附按其性质的不同可分为四大类，即：化学吸附、活性吸附、毛细管凝缩和物理吸附。变压吸附（PSA）气体分离装置中的吸附主要为物理吸附。四类吸附的原理及特点见表 9-1。

表 9-1　四类吸附的原理及特点

项目	原理及特点
化学吸附	吸附剂与吸附质间发生有化学反应，并在吸附剂表面生成化合物的吸附过程。其吸附过程一般进行得很慢，且解吸过程非常困难
活性吸附	吸附剂与吸附质间生成有表面络合物的吸附过程。其解吸过程一般也较困难
毛细管凝缩	固体吸附剂在吸附蒸气时，在吸附剂孔隙内发生的凝结现象。一般需加热才能完全再生
物理吸附	依靠吸附剂与吸附质分子间的分子力（包括范德华力和电磁力）进行的吸附。其特点是：吸附过程中没有化学反应，吸附过程进行得极快。参与吸附的各相物质间的动态平衡在瞬间即可完成。并且这种吸附是完全可逆的

变压吸附过程是利用装在立式压力容器内的硅胶、活性炭、分子筛等固体吸附剂，对混合气体中的各种杂质进行选择性地吸附。由于混合气体中各组分沸点不同，根据易挥发的不易吸附，不易挥发的易被吸附的性质，将原料气通过吸附剂床层，氢以外的其余组分作为杂质被吸附剂选择性地吸附，而沸点低、挥发度最高的氢气基本上不被吸附，以大于98%左右的纯度离开吸附床，从而达到与其他杂质分离的目的。

变压吸附气体分离工艺过程之所以得以实现是由于吸附剂在这种物理吸附中所具有的两个基本性质：一是对不同组分的吸附力不同，二是吸附质在吸附剂上的吸附容量随吸附质的分压上升而增加，随吸附温度的上升而下降。利用吸附剂的第一个性质，可实现对混合气体中某些组分的优先吸附而使其他组分得以提纯；利用吸附剂的第二个性质，可实现吸附剂在低温、高压下吸附而在高温、低压下解吸再生，从而构成吸附剂的吸附与再生循环，达到连续分离气体的目的。

（1）工艺过程

变压吸附（PSA）是利用气体各组分在吸附剂上吸附特性的差异，以及吸附量随压力变化的原理，通过周期性的压力变化实现气体的分离。

吸附剂对不同气体的吸附特性是不同的。利用吸附剂对混合气中各种组分吸附能力的不同，通过选择合适的吸附剂就可以达到对混合气进行分离提纯的目的。同一吸附剂对同种气体的吸附量，还随吸附压力和温度的变化而变化：压力越高，吸附量越大；温度越高，吸附量越小。利用这一特性，可以使吸附剂在高压或低温下吸附，然后通过降压或升温使吸附剂上吸附的气体解吸下来，使吸附剂再生，达到循环利用的目的。

变压吸附制氢工艺主要由三个步骤组成：高压吸附、低压解吸、升压，如图 9-1 所示。首先，在高压下原料气自下而上进入吸附剂床层，CO_2、CH_4、C_2^+ 等杂质被吸附，而吸附能力较弱的氢气从吸附塔顶部流出作为产品；然后吸附剂床层泄压，采用氢气等气体反向吹扫的方法使杂质气体解吸，吸附剂获得再生；接着，吸附剂床层升压至吸附压力进行再吸附，至此完成一个吸附、再生的循环过程。在工业上通常采用 2 个或更多的吸附塔，使吸附剂床层交错处于吸附、再生循环过程中，以维持 PSA 装置持续生产过程。

（2）特点

与深冷、膜分离、化学吸收等气体分离与提纯技术相比，变压吸附技术之所以能得到如此迅速的发展是与其具有的下列特点是分不开的。

1）产品纯度高：对于绝大多数气源，变压吸附几乎可除去其中的所有杂质，得到纯度大于 99.999% 的高纯氢。

2）工艺流程短：对于含有多种杂质的气体，在大多数情况下变压吸附都可以一步将各种杂质脱除而获得纯氢。

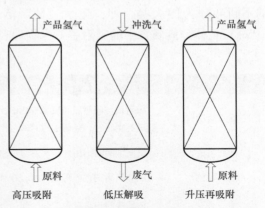

图 9-1　变压吸附制氢简单工艺流程

3）原料气适应性强：对于氢含量从 15%～98%（体积分数），杂质包括 HO、N、O、CO、CO_2、烃类、硫化物、氮氧化物等多种组分的复杂气源，均可利用变压吸附予以提纯。

4）操作弹性大：变压吸附氢提纯装置的操作弹性一般可达 30%～120%

5）产品纯度易调节：只需调整运行参数，变压吸附氢提纯装置即可得到各种不同纯度的产品氢气以用于不同的目的。

6）操作简便：变压吸附装置的设备简单、运转设备少，且全部是自动化操作，开停车一般只需 0.5～2h。

7）能耗低、运行费用小：变压吸附装置一般都在常温和中、低压力下进行，且正常操作下吸附剂可与装置同寿命。

变压吸附的弱点是在某些情况下氢气回收率较其他方法低一些。因此，变压吸附技术的研究与开发，一直都围绕着如何提高吸附剂性能和吸附床死空间（除吸附剂外的空间）气体的回收利用进行，使回收率有了显著提高。

2. 吸附材料

（1）吸附材料简介

吸附材料是指具有大量的一定尺寸孔隙结构和较高比表面的材料。由于多孔材料特定的结构使其广泛应用于吸附、催化、气体净化与分离等化工领域。

工业 PSA-H_2 装置所选用的吸附剂都是具有较大比表面积的固体颗粒，主要有活性氧化铝类、活性炭类、硅胶类和分子筛类吸附剂。另外，还有针对某种组分选择性吸附而研制的特殊吸附材料，如 CO 专用吸附剂和碳分子筛等。吸附剂最重要的物理特征包括孔容积、孔径分布、表面积和表面性质等。不同的吸附剂由于有不同的孔隙大小分布、不同的比表面积和不同的表面性质，因而对混合气体中的各组分具有不同的吸附能力和吸附容量。

在变压吸附气体分离装置常用的几种吸附剂中，活性氧化铝类吸附剂属于对水有强亲和力的固体，一般采用三水合铝或三水铝矿的热脱水或热活化法制备，主要用于气体的干燥。它的外观如图 9-2 所示。

　　硅胶类吸附剂属于一种合成的无定形二氧化硅，它是胶态二氧化硅球形粒子的刚性连续网络，一般是由硅酸钠溶液和无机酸混合来制备的，硅胶不仅对水有极强的亲和力，而且对烃类和 CO 等组分也有较强的吸附力。它的外观如图 9-3 所示。

图 9-2　活性氧化铝类吸附剂外观

图 9-3　硅胶类吸附剂外观

　　目前常用的分子筛系人工合成沸石，它是强极性吸附剂，对极性、不饱和化合物和易极化分子有很大的亲和力，对 CO、CH_4、N_2、Ar、O_2 等均具有较高的吸附力。人工合成沸石是结晶硅铝酸盐的多水化合物，其化学通式为 $Me_{x/n}[(AlO_2)_x (SiO_2)_y] \cdot mH_2O$，式中：Me 为正离子，主要是 Na^+、K^+ 和 Ca^{2+} 等碱金属或碱土金属离子；x/n 是价数为 n 的可交换金属正离子 Me 的数目；m 是结晶水的摩尔数。它的外观如图 9-4 所示。

图 9-4　分子筛外观

　　故可按照气体分子极性、不饱和度和空间结构不同对分子筛进行分离。分子筛的热稳定性和化学稳定性高，又具有许多孔径均匀的微孔孔道和排列整齐的空腔，故其比表面积大（$800 \sim 1000 m^2/g$），且只允许直径比其孔径小的分子进入微孔，从而使大小和形状不同的分子分开，起到了筛分分子的选择性吸附作用，因而称之为分子筛。

　　根据分子筛孔径、化学组成、晶体结构，以及 SiO_2 与 Al_2O_3 的物质的量之比不同，可将常用的分子筛分为 A、X、Y 和 AW 型几种。A 型基本组成是硅铝酸钠，孔径为 0.4nm（4），称为 4A 分子筛。用钙离子交换 4A 分子筛中钠离子后形成 0.5nm（5）孔径的孔道，称为 5A 分子筛。由于分子筛表面有很多较强的局部电荷，因而对极性分子和不饱和分子具有很大的亲和力，是一种孔径均匀的强极性干燥剂。

　　活性炭是一种多孔性含碳物质，主要由各种有机物质经碳化和活化制成。在活化过程中微晶间产生了形状不同、大小不一的孔隙，活性炭的强吸附能力主要是由于其具有高度发达的孔隙结构。一般活性炭的全部微孔表面积约占孔隙总面积的 90% 以上，孔隙的大小分布情况与所用原材料及不同的活化方法有关，国内主要的活性炭品种有木质活性炭、煤质活性炭、果壳活性炭及活性炭纤维等。它的外观如图 9-5 所示。

　　从宏观角度分析，决定活性炭吸附能力大小的因素有活性炭的比表面积、孔隙结构、表面结构及吸附质自身的性质。

从微观角度分析，活性炭的吸附能力主要取决于化学吸附性、范德华力引起的物理吸附性、微孔填充和毛细凝聚性能等。

图 9-5　活性炭外观

PSA 工艺是以吸附剂内部表面对气体分子的物理吸附为基础的可逆的循环工艺过程，而实现这一循环工艺过程，最基本要求就是吸附剂具有良好的吸附性能，再生性能以及具有较长的使用寿命。但在装置运行过程中，吸附剂极易受到如进料带水，升降压速度过快，杂质过载等多种因素的损害，从而使吸附剂失去上述性能，由此导致 PSA 装置失去对 PSA 原料气的提纯作用，所以说 PSA 装置运行效果的好坏的关键是保护好吸附剂。

（2）分子筛和活性炭吸附性能的比较

活性炭对二氧化碳的吸附能力很大，而且吸附量随压力的升降变化十分明显，是二氧化碳的良好的吸附剂。分子筛则不然，它在低压下就大量吸附二氧化碳，而且随压力升高吸附量变化不明显，在低压下脱附困难，故不能作为二氧化碳的吸附剂。

活性炭和分子筛都可用作一氧化碳的吸附剂，活性炭的高压吸附量比分子筛的大，低压脱附容易，但是分子筛的吸附能力更强，适用于要求产品中一氧化碳很低的情况。

分子筛和活性炭都适于在 PSA 中吸附甲烷，它们在压力变化幅度相同时，平衡吸附量的变化基本相同，而分子筛对甲烷的吸附能力更强。

（3）延长吸附剂的寿命

1）吸附剂压力的快速变化能引起吸附剂床层的松动或压碎从而危害吸附剂。所以，在操作过程中要防止使吸附器的压力发生快速变化。

2）进料带水是危害吸附剂使用寿命的一大因素，所以进料气要经过严格脱水，避免发生液体夹带。

3）进料组分不在设计规格的范围内也会造成对吸附剂的损害，严重时可能导致吸附剂永久性的损坏。所以，当进料气出现高的杂质浓度时，应缩短吸附时间，以防止杂质超载。

4）进料温度过高影响吸附剂的吸附能力，易造成杂质超载，温度过低影响再生，所以要保证进料温度在要求的范围内。

5）合理调整吸附时间，及时处理故障报警，防止发生杂质超载。杂质超载严重时，可导致吸附剂永久性损坏。

（4）吸附剂再生方法

1）降压：吸附床在较高压力下吸附，然后降到较低压力，通常接近大气压，这时一部分吸附组分解吸出来。这个方法操作简单，单吸附组分的解吸不充分，吸附剂再生程度不高。

2）抽真空：吸附床降到大气压以后，为了进一步减少吸附组分的分压，可用抽真空的方法来降低吸附床压力，以得到更好的再生效果，但此法增加了动力消耗。

3）冲洗：利用弱吸附组分或者其他适当的气体通过需再生的吸附床，被吸附组分的分压随冲洗气通过而下降。吸附剂的再生程度取决于冲洗气的用量和纯度。

4）置换：用一种吸附能力较强的气体把原先被吸附的组分从吸附剂上置换出来。这种方法常用于产品组分吸附能力较强而杂质组分较弱即从吸附相获得产品的场合。

3. 吸附平衡

吸附平衡是指在一定的温度和压力下，吸附剂与吸附质充分接触，最后吸附质在两相中的分布达到平衡的过程，吸附分离过程实际上都是一个平衡吸附过程。在实际的吸附过程中，吸附质分子会不断地碰撞吸附剂表面并被吸附剂表面的分子引力束缚在吸附相中；同时吸附相中的吸附质分子又会不断也从吸附剂分子或其他吸附质分子得到能量，从而克服分子引力离开吸附相；当一定时间内进入吸附相的分子数和离开吸附相的分子数相等时，吸附过程就达到了平衡。在一定的温度和压力下，对于相同的吸附剂和吸附质，该动态平衡吸附量是一个定值。

在压力高时，由于单位时间内撞击到吸附剂表面的气体分了数多，因而压力越高动态平衡吸附容量也就越大。在温度高时，由于气体分子的动能大，能被吸附剂表面分子引力束缚的分子就少，因而温度越高平衡吸附容量也就越小。

可以用不同温度下的吸附等温线来描述这一关系。吸附等温线就是在一定的温度下，测定出各气体组分在吸附剂上的平衡吸附量，将不同压力下得到的平衡吸附量用曲线连接而成的曲线。

不同温度下的吸附等温线示意图如图 9-6 所示。

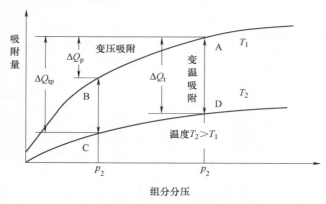

图 9-6　不同温度下的吸附等温线示意图

从图 9-6 中的 B→C 和 A→D 可以看出：在压力一定时，随着温度的升高吸附容量逐渐减小。实际上，变温吸附过程正是利用上图中吸附剂在 A→D 段的特性来实现吸附与解吸的。吸附剂在常温（即 A 点）下大量吸附原料气中的某些杂质组分。然后升高温度（到 D 点）使杂质得以解吸。

从图 9-6 中的 B→A 可以看出：在温度一定时，随着杂质分压的升高吸附容量逐渐增大。

变压吸附过程正是利用吸附剂在 A→B 段的特性来实现吸附与解吸的。吸附剂在常温高压（即 A 点）下大量吸附原料气中除的某些杂质组分。然后降低杂质的分压（到 B 点使杂质得以解吸）。

在实际应用中一般依据气源的组成、压力及产品要求的不用来选择 PSA、TSA 或 PSA+TSAA 工艺。

变温吸附（TSA）法的循环周期长、投资较大，但再生彻底，通常用于微量杂质或难解吸杂质的脱除；

变压吸附（PSA）的循环周期短，吸附剂利用率高，吸附剂用量相对较少，不需要外加换热设备，被广泛用于大气量多组分气体的分离与纯化。

在变压吸附（PSA）工艺中，通常吸附剂床层压力即使降至常压，被吸附的组分也不能完全解吸，因此根据降压解吸方式的不同又可分为两种工艺：一种是用产品气或其他不易吸附的组分对床层进行"冲洗"，使被吸附组分的分压大大降低，将较难解吸的杂质冲洗出来，其优点是在常压下即可完成，不再增加任何设备，但缺点是会损失产品气体，降低产品气的收率。另一种是利用抽真空的办法降低被吸附组分的分压，使吸附的组分在负压下解吸出来，这就是通常所说的真空变压吸附（Vacuum Pressure Swing Absorption，VPSA）。VPSA 工艺的优点是再生效果好，产品收率高，缺点是需要增加真空泵。

在实际应用过程中，究竟采用以上何种工艺，主要视原料气的组成性质、原料气压力、流量、产品的要求以及工厂的资金和场地等情况而决定。

9.1.2　变压吸附循环步骤

按工艺差别 PSA 可分为三类：Skarstrom 循环、Guerin-Domine 循环和快速变压吸附循环。PSA 流程一般是以这三类循环为基础，根据生产的要求进行流程改变。

1. Skarstrom 循环

Skarstrom 循环流程如图 9-7 所示。

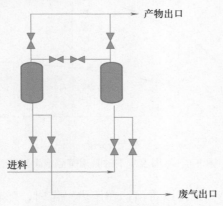

图 9-7　Skarstrom 循环流程

　　图 9-7 是 Skarstrom 循环用于空气分离的两床流程图。图中吸附床与管路对称安装，两个吸附床装有等量的吸附剂。该流程在常温下工作，一床加压吸附，另一床减压解吸。利用部分产品气以逆流方向通向需再生的吸附床，以除去吸附剂中强吸附组分。Skarstrom 流程简单，产品的回收率较低，在大规模生产中不经济。Skarstrom 工艺压力变化如图 9-8 所示。

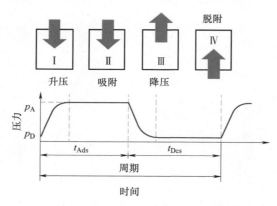

图 9-8　Skarstrom 工艺压力变化

　　步骤如下：

　　1）升压：将具有一定压力的气体从吸附柱的一端引入吸附柱（吸附柱的另一端关闭），使吸附柱内的压力达到预定的吸附压力。升压过程中所使用的气体可以是原料气，也可以是产品气，或者是其他在降压阶段放出的气体，只是升压时的气流方向因升压所用气体组成的不同而有所改变。

　　2）吸附：原料气在预定的吸附压力下进入吸附柱，开始吸附操作。由于易吸附组分从柱的进口端即开始被吸附，因此吸附柱出口端所流出的气体为不易吸附的组分。在吸附柱中的气相组成在吸附柱轴向距离上随着以吸附组分浓度波峰面的移动变化明显，当吸附进行到预定的操作时间时（即床层中关键组分的浓度分布前沿到达床层中的某一预定位置），停止吸附，进入降压阶段。

　　3）降压：在吸附阶段部分吸附剂因吸附易吸附组分而饱和。为了使变压吸附循环正常进行，需要对吸附剂进行再生。通常是降低吸附床的压力，从而降低易吸附组分的分压使其从吸附剂上脱附下来。如果易吸附组分有经济价值，则可将降压排出的解吸气当作一种产品气收集。

　　4）脱附：脱附的目的是把降压后残余在吸附柱内的杂质（产品气以外的其他组分）排出吸附柱，使吸附剂尽可能地得以再生。

2. Guerin-Domine 循环

　　在 Guerin-Domine 循环中吸附剂的再生采用真空的方法，通常称之为 VPSA（Vacuum Pressure Swing Adsorption）。图 9-9 是它的流程示意图。它的适用性比较广，根据分离混合气的性质，可以增减吸附床的数量、吸附床相互连接的方式和操作步骤。

　　在图 9-9 所示的流程中，每个吸附床都要经过三个步骤：

　　第一步：A 床吸附，B 床抽真空。打开 V1 和 V2 阀门，高压原料气连续进入吸附床 A，其中可吸附组分被吸附剂吸附，选择性吸附后的气体从产品端流出；B 床的 V8 阀门打开，在床层的中部进行抽真空。

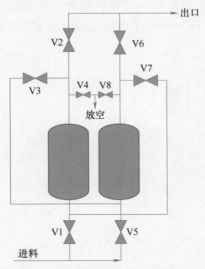

图 9-9　Guerin-Domine 流程示意图

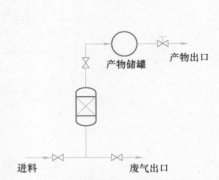

图 9-10　快速变压吸附工艺流程

第二步：A 床放压，B 床充压。仅打开 V3 阀门，A 床的放压气对 B 床进行充压。

第三步：A 床抽真空，B 床吸附。A 床的 V4 阀门打开，在床层的中部进行抽真空；B 床的 V5 和 V6 阀门打开，进行吸附。

Guerin-Domine 循环生产规模比较灵活，在产品回收率方面优于 Skarstrom 循环，但是要增加真空泵设备。

Skarstrom 循环与 Guerin-Domine 循环之间的基本差别在于：前者在常压下解吸并用产品冲洗，后者则是利用真空解吸，并用产品充压。这两种循环的提出，是 PSA 技术发展的一个重要开端。此后，人们陆续提出了许多改进的方案。

3. 快速变压吸附循环

快速变压吸附（Rapid Pressure Swing Adsorption，RPSA）又称参数泵 PSA，它的工艺流程如图 9-10 所示。RPSA 用快速改变流动的方法进行操作，操作的循环时间很短（5~20s），床层具有较高的压力降（100～300kPa）。吸附床层高的压力降通过使用小粒径（100～500μm）的吸附剂来实现。

在一个周期内，吸附床经历两个操作步骤：

第一步：吸附阶段。高压原料气连续进入吸附床，产品气从产品端流出。

第二步：解吸阶段。吸附床逆向放压，吸附剂得到再生。

RPSA 工艺特点是：循环时间短；同 PSA 方法相比，在产气量相同的情况下，吸附剂的用量显著减少。但是，由于时间和吸附剂动力学的限制，分离效率和性能可能会下降（产品纯度和回收率下降）。另一方面，快速变压吸附循环常由于水力约束（气体分布不均、吸附剂流化、柱体压力下降等）限制了吸附床的气流通过率。放射状的吸附器能缓解这一问题。这种类型的吸附器中，吸附剂放置在两个同心的圆柱体之间，气流放射式通过填满吸附剂的截面。但是，这种吸附器造价较高。这种允许快速循环、在低压力下有大的气体处理量且完全不流化的设计已有发展。一种可能的发展趋势是：将已成功应用于变温吸附的旋转式吸附床用于变压吸附循环。

9.1.3　影响变压吸附效果主要因素

PSA 制氢的回收率是指人们从原料气中回收的氢气所占原料气中氢气的百分比，计算公式如下：

$$\eta = \frac{F_0 \times H_0}{F_i \times H_i} \times 100\% \tag{9-1}$$

式中　η——中氢气回收率（%）；

F_0——产品气流量（标准状态）（m^3/h）；

H_0——产品气氢含量（%，摩尔分数）；

F_i——原料气流量（标准状态）（m^3/h）；

H_i——原料氢含量（%，摩尔分数）。

然而，由于原料气组分的不同，使得原料气的分子量发生变化。继而导致流量计显示的流量出现偏差，用式（9-1）得到的回收率不准。这时，需要用物料守恒得到计算公式：

$$\eta = \frac{H_0 \times (H_i - H_d)}{H_i \times (H_0 - H_d)} \times 100\% \tag{9-2}$$

式中　H_0——产品气氢含量（%，摩尔分数）；

H_i——原料氢含量（%，摩尔分数）；

H_d——未解吸气氢含量（%，摩尔分数）。

式（9-2）的方法消除了流量误差的影响，只用各物料中氢气的纯度计算，所以更为准确。

1. 原料气组成、吸附剂配比的影响

PSA 分离技术的核心在于吸附剂，PSA 气体分离的效果、工艺步骤的复杂程度以及制氢装置长周期的运行都直接受制于吸附剂的性能。性能优良的吸附剂按照原料气成分进行适当配比，再配合适当的变压吸附工艺流程，这样不但可以提高氢气的回收率，防止吸附剂中毒、失活，还能延长吸附剂的使用寿命。吸附剂配比可根据原料气组成调节，在其他条件不变的情况下，通过优化吸附剂配比能够可以使氢气回收率达到最大。

2. 不同工艺流程的影响

PSA 制氢采取不同工艺流程，主要目的是让系统的均压次数发生改变，继而改变用于吸附剂再生的氢气量。通常，PSA 制氢系统吸附塔越多，其流程的均压次数就越多，吸附剂再生压力降越低，用于吸附剂再生的氢气就越少，氢气回收率便得到提高。但均压次数过多也有其缺点，吸附塔均压时，压力较高的吸附塔会把一部分杂质带入压力较低吸附塔的顶部，这样就会造成压力较低的吸附塔在转为吸附时把之前在顶部吸附的杂质带入到产品气中，使产品氢气纯度下降。

对于冲洗流程而言，冲洗气的速度、气量以及冲洗时间是影响氢气纯度和回收率的主要因素。

对于真空流程来说，真空泵的真空度、抽空时间会影响吸附剂的再生效果，但再生效果并不一定随真空度的加大、抽空时间的延长而变得更好。

工业中，吸附塔的真空度与抽空时间相互联系，应根据现场正在使用的 PSA 制氢工艺流程确定一个最佳值，使吸附剂的再生效果最好，进而提高氢气的回收率。PSA 制氢工艺增加真空流程，会较大地增加其能耗。

3. 吸附压力的影响

吸附剂对于各种杂质的动态吸附量通常会随着吸附压力的增高而变大。但吸附压力过高，会增加吸附塔等设备的成本，加大均压的压差，使得吸附剂更易粉化，缩短吸附剂的使用寿命。

4. 吸附时间的影响

确定了原料气的流量和其他工艺参数，吸附时间即成为影响产品氢气纯度和回收率的重要因素。增加吸附时间可减少单位时间内吸附剂的再生次数，从而减少吸附剂再生过程消耗的氢气，提高回收率。缺点是吸附剂再生不彻底，且进入吸附剂床层的杂质量会随着吸附时间的增加而变大，在这两个因素共同作用下，产品氢气的纯度会下降。

9.2 深冷分离法

在氢气的分离纯化过程中，氢源中的杂质组分和含量不尽相同，采用不同的分离方法得到的分离效率及效果也不同。

深冷分离法的工作原理是根据混合气体中各组分冷凝液化温度的差异，将混合气体降温，使冷凝温度高于此温度的气体液化而达到气体分离的目的。深冷分离法回收纯氢流程（图 9-11）大致为：弛放气经过氨洗塔用水将氨脱除后再通过分子筛吸附器，气体通过分子筛时压力下降到较低压力后进入冷箱，尾气与产品进行对流冷交换后温度下降到 $-190℃$ 左右，在此温度下冷凝并分离除去 CH_4 等杂质。离开第一分离器的气体含有约 92% 的 H_2，在进入最终分离器前，气体通过另外两个换热器，在最终分离器得到纯度为 98% 的 H_2，返回第三和第二换热器进行冷却后通过透平膨胀机冷却端，膨胀后气体通过换热器提供整个装置所需的主要冷冻量。

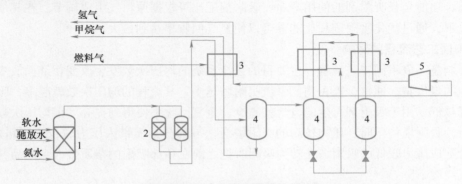

图 9-11 深冷分离法回收纯氢流程

1—氨洗塔 2—分子筛吸附器 3—换热器 4—分离器 5—氢透平膨胀机

9.2.1　低温分离法

深冷法是利用在低温条件下，原料气组分的相对挥发度差（沸点差），部分气体冷凝，从而达到分离的目的。氢气的标准沸点为 -252.77℃，而氮、氢、甲烷的沸点（-195.62℃、-185.71℃、-161.3℃）与氢的沸点相差较远，因此采用冷凝的方法可将氢气从这些混合气体中分离出来；此外，氢气的相对挥发度比烃类物质高，因此深冷法也可实现氢气与烃类物质的分离。

深冷法的特点是适用于氢含量很低的原料气，氢含量为 20% 以上；得到的氢气纯度高，可以达到 95% 以上，氢回收率高，达 92%~97%；但由于分离过程中压缩和冷却能耗很高，其分离适用于大规模气体分离过程。

9.2.2　低温吸附法

低温吸附法是利用在低温条件下（通常在液氮温度下），由于吸附剂本身化学结构的极性、化学键能等物理化学性质，吸附剂对氢气源中一些低沸点气体杂质组分的选择性吸附，实现氢气的分离。当吸附剂吸附饱和后，经升温、降低压力的脱附或解析操作，使吸附剂再生，如活性炭、分子筛吸附剂可实现氢气与低沸点氮、氧，氢气等气体的分离。该法对原料气要求高，需精脱 CO_2、H_2S、H_2O 等杂质，氢含量一般大于 95%，因此通常与其他分离法联合使用，用于超高纯氢的制备，得到的氢气纯度可达 99.9999%，回收率 90% 以上。该法设备投资大，能耗较高，操作较复杂，适用于大规模生产。

通过液氮冷却氢气，在极低的温度下吸附氢气中的杂质。氢气纯度可达到 99.9999% 以上。

低温分离法和低温吸附法的比较见表 9-2。

表 9-2　低温分离法和低温吸附法的比较

方法	原理	典型原料气	氢气纯度（%）	回收率（%）	使用规模	备注
低温吸附法	液氮温度下吸附剂对氢源中杂质的选择吸附	氢含量为 99.5% 的工业氢	99.9999	约 95	小至中规模	先用冷凝干燥除水，再经催化脱氧
低温分离法	低温条件下气体混合物中部分气体冷凝	石油化工和炼油厂废气	90~98	95	大规模	为除去二氧化碳、硫化氢和水，需要预先纯化

9.2.3　工业化低温分离

低温分离法的基本原理是在相同的压力下，利用氢气与其他组分的沸点差，采用降低温度的方法，使沸点较高的杂质部分冷凝下来，从而使氢与其他组分分离开来，得到纯度 90%~98% 的氢气。在 20 世纪 50 年代以前，工业制氢主要是采用低温分离法进行的，主要用于合成氨和煤的加氢液化。

低温分离法在分离前需要进行预处理，先除去 CO_2，H_2S 和 H_2O，然后再把气体冷却至低温去除剩余的杂质气体，它适用于氢含量较低的气体，例如石化废气，氢气的回收率较高，但是在实际操作中需要使用气体压缩机及冷却设备，能耗高，在适应条件、温度控制方面存在着许多问题，一般适用于大规模生产。

9.3 膜分离法

膜（Membrane）是表面有一定物理或化学特性的屏障物，以外界能量或化学位差为推动力对双组分或多组分混合的气体或液体进行分离、分级、提纯和富集的方法过程。根据成膜材料不同，膜技术可分为有机膜和无机膜两大类。其中，有机膜也称为高分子分离膜（Polymeric Membrane for Separation），是由聚合物或高分子复合材料制得的具有分离流体混合物功能的薄膜，通常包括醋酸纤维素、芳香族聚酰胺、聚醚砜、氟聚合物等成膜材料。无机膜（Inorganic Membrane）是指以金属、金属氧化物、陶瓷、沸石、多孔玻璃等无机材料为分离介质制成的半透膜，常用材料包括 Al_2O_3，ZrO_2，TiO_2，SiO_2，SiC 等.

在 20 世纪上半叶，高分子膜和电渗析膜的研发应用占据很大比重，而无机膜主要用于早期核工业燃料铀的浓缩工艺，直至 20 世纪 80 年代才由于其独特性能得以在更广泛的领域发展起来。膜分离技术发展历史与应用概况见表 9-3。

表 9-3　膜分离技术发展历史与应用概况

序号	技术名称	起源国家	兴起年代	特征截留物质	应用水平和范围
1	微滤（MF）	德国	1918	0.02~10μm 悬浮固体粒子	实验室规模
2	超滤（UF）	德国	1930	1~20nm 大分子有机物、蛋白质	实验室规模
3	无机膜分离（IMS）	美国/苏联	1945	浓缩核裂变原料 U	气体混合物分离（工业规模）
4	渗析（D）	荷兰	1950	>0.02μm 截留，血液渗析中（>005μm）	人工肾（实验室规模）
5	电渗析（ED）	美国	1955	透过组分中的大离子和水	脱盐（工业规模）
6	反渗透（RO）	美国	1960	0.1~1nm 小分子无机盐	海水淡化（工业规模）
7	膜生物反应器（MBR）	美国	1972	难溶解，难生物降解的大分子污染物质	污水处理（工业规模）
8	无机膜气体分离（GS）	美国	1979	较大的杂质成分及物质组分	氢气回收（工业规模）
9	无机超滤、微滤膜	欧美国家	1980	分离难降解大分子物质及物料提纯，浓缩	水质处理及食品业（工业规模）
10	无机膜催化反应	美国	1980	化降解水中有机物脱氢，加氢和氧化反应等	实验室研究
11	膜蒸馏（MD）	德国	1981	非挥发的小分子物质	水溶液浓缩（工业规模）
12	渗透诱发（PVAP）	德国/荷兰	1982	不易溶解组分或较大，较难挥发组分	有机溶剂脱水（工业规模）

分离膜的选择非常复杂，受具体应用影响。一般渗透率、分离选择性、耐用性以及机械

完整性是选择膜时考虑的主要参数，但必须结合工艺成本来考虑。上述参数在不同应用中相对重要性不同，其中选择性和渗透率是膜的最主要特性参数。选择性越高，过程的效率越高，获得一定渗透流量需要的驱动力（压力梯度）越低，因此系统的运行成本就更低。渗透率越高，所需要的分离膜面积越小，系统的投资成本越低。

9.3.1　膜分离法原理

膜分离法原理基于混合气体各组分在膜层的吸附或溶解—扩散的差异，利用膜对特定气体的选择透过性实现气体分离的目的。

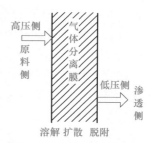

膜分离技术是一种使用具有选择性分离性能的膜材料实现不同液体组分或气体组分分离的技术。气体膜分离技术的基本原理是利用混合气体中各组分气体在分离膜中溶解系数和扩散系数的差异实现分离，推动力为分离膜两侧的分压差，属于"单一"的"溶解→扩散→脱附的过程！"，它的机理示意图如图 9-12 所示。

图 9-12　气体膜分离技术机理示意图

从图 9-12 可以看出，气体分子首先在分离膜的高压侧表面吸附、溶解，接着膜内溶解的气体沿浓度梯度方向进行扩散，最后溶解气体从分离膜低压侧的表面上脱附，从而以溶解和传递速率的差异实现气体组分分离。

该方法具有无相变、能耗低、设备简单、操作方便和运行可靠等优点。膜分离法纯化氢气的关键点在于分离膜的材料性能，理想的用于膜分离的高效氢分离膜应该具有高氢渗透性、选择性、低膨胀、高耐热性（300～700℃）、良好的耐腐蚀性、高强度等特性。目前，经过研究人员的长期探索，用于氢气分离的膜可分为有机聚合物膜、金属膜、碳膜以及陶瓷膜等 4 种。其中，金属膜由于具有较好的机械强度、化学稳定性及良好的选择透过性成为主流选择，已实现商业化，金属膜是用于高效分离纯化氢气的首选材料。

炼厂含氢气体来源广泛且组成较为复杂，膜分离的工艺过程主要包括原料预处理和膜分离两个部分，工艺流程如图 9-13 所示。从图 9-13 可以看出，在原料预处理部分原料气需要经过旋风分离器，除去混合气体中冷凝状态的液体油滴和悬浮固体颗粒；接着进入三级串联过滤器（粗过滤器、精密过滤器、超精密过滤器），进一步脱除气体夹带的细小固体颗粒、残留油滴及气溶胶等；过滤后的气体必须经过加热器进行升温，使入膜气体远离轻烃露点，

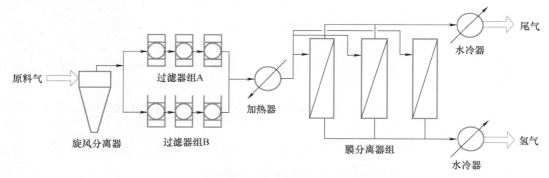

图 9-13　气体膜分离技术工艺流程

避免气相水和气相轻烃冷凝在膜表面，降低膜的分离性能，对膜造成永久性损坏。最后预处理后的气体和残留油量进入多组平行膜组件构成的膜分离系统进行气体分离。

9.3.2 有机膜分离

有机膜成膜材料以聚合物或高分子复合材料为主，由最初的微滤、超滤膜发展至今，技术类型多种多样，几乎囊括包括反渗透、纳滤、电渗析、渗透蒸发等在内的所有膜分离过程。

目前，制作有机膜的常见方法有相转化法（包括流涎法和纺丝法）和复合膜化法。所谓相转化是指将均质的制膜液通过溶剂的挥发或向溶液中加入非溶剂或加热制膜液，使液相转变为固相。为获得良好的分离率和透水速率，可用复合膜化法制备有机膜，其表面超薄层的厚度为 $0.01 \sim 0.1 \mu m$。

根据相似相溶原理，一般的有机膜材料与大多数有机溶剂、有机污染物等均具有非极性或弱极性特点，这就造成未经改性处理的有机膜易受到有机料液和化学试剂吸附、侵蚀甚至溶解，影响到膜抗污能力、分离效果和适用范围，降低使用寿命。随着有机膜制备技术的不断改进，多种工程高分子膜表现出非疏水性或亲水性，对反应体系污染程度和 pH 值等具有较宽的适应范围。以几种典型的有机膜为例，说明其化学稳定性和适用范围等基本特征，具体见表 9-4。

表 9-4　几种有机膜物化性能特性与适用范围对照表

序号	技术名称	疏水性	pH 耐受范围	耐温极限/℃	化学兼容性	适用范围
1	三醋酸纤维素膜（CTA）	高度疏水	4~8	180	耐受多数醇类和油类	用于水相溶液的过滤
2	再生纤维素膜（RC）	疏水	1~13	180	耐受多数有机溶剂	特别适于除微粒过滤
3	聚醚砜膜（PES）	非疏水性或亲水性	1~14	140	耐受多数有机溶剂	用于大多数溶液的过滤和分离回收
4	聚四氟乙烯膜（PTFE）	永久疏水	1~14	230	耐所有有机溶剂和强化学品	用于空气、气体和疏水性化学品的过滤

9.3.3 无机膜分离

从不同度量指标和角度来分析，无机膜存在以下多种分类方式与类别：

根据表层结构不同，可以分为致密膜、多孔膜和复合非对称修正膜，其中多孔无机膜按孔径大小又可分为三类：孔径大于 50nm 为粗孔膜，孔径介于 2~50nm 称为过渡孔膜，孔径小于 2nm 的称为微孔膜；

根据制膜材料不同，常见分类包括陶瓷膜、金属膜、合金膜、碳化硅膜、分子筛复合膜、沸石膜和玻璃膜等。

根据膜组件的空间几何结构特点不同，主要包括平板型、管式、多通道等，其中，多通道无机膜元件具有较大的过滤面积，适于大规模工业应用。

与有机膜相比，无机膜的材质特点及优良性能主要包括：

1）优良的化学稳定性。

2）温度适用范围广。

3）耐污染能力强，由于无机材料具有较强极性，使油类、蛋白等非极性污染物对膜表面与膜孔内部的黏着功较小。

4）机械强度高，更适用于高硬度、高固含量、含硬性颗粒的复杂流体物料的分离，对物料的预处理要求相对较低。

5）分离效率高，孔径分布窄和非对称膜结构可显著提高对特征污染物或特定分子量范围溶质的去除率。

6）易于实现膜再生，无机膜元件使用寿命长达有机高分子膜的 3~5 倍以上。

无机材料脆性大、弹性小，给膜的成型加工及组件装备带来一定困难。为弥补膜技术在材料特性方面存在的薄弱点，增强膜的力学性能，调节孔隙率和调整亲水—疏水平衡，集有机膜和无机膜的优势于一体，已有大量研究开始涉及膜材料改性、有机—无机杂化膜/复合膜、有机膜的无机改性等新型高分子膜的制备及应用领域。

钯膜是最早用于氢气提纯的金属膜之一，经过多年的研究，以钯为主要成分的合金膜也被证明是性能最稳定的金属合金膜。钯膜透氢的原理是氢气受到膜两侧氢气的分压差驱动，氢气在钯膜中通过溶解扩散机理，达到渗透传递的效果。在多可用于氢气提纯的金属中，把对氢气的渗透性和选择性均较为优异。但在低于 300℃时使用纯钯膜，氢在膜中会发生"氢脆现象"，从而导致膜变脆甚至破裂，稳定性差，不适合工业化长期运行。为改善钯膜在氢气存在下易发生氢脆现象的问题，研究人员主要采用将钯与其他金属形成固溶体的方式来改善钯金属的晶格稳定性。得益于金属钯的固溶体区域宽，钯能够与多种元素如铜、镍、铱、钨、铑和钒等难熔金属或低熔点的金、银、铂、镁、钼、铅、锡等形成 10%~30%（质量分数）的固溶体，也即钯合金。

因此，自研究人员验证了钯金属膜对氢气分离提纯的有效性后，对钯膜分离制取高纯氢的研究聚焦于钯膜氢脆改善、化学和热稳定性提升等方面。有研究表明，将特定金属如 Cu、Ag 加入形成固溶体，能够提高钯膜在透氢环境的晶格稳定性，从而不易发生氢脆。同时，钯铜合金膜 Cu 的加入改善了钯合金膜对 H_2S 毒化的耐受性。几种钯合金膜透氢性能如表 9-5 所示。

表 9-5　不同温度下几种钯合金膜的透氢性能　　（单位：$m^3 \cdot m^2 \cdot h^{-1} \cdot MPa^{-1}$）

合金膜	200℃	250℃	300℃	350℃	400℃	450℃	500℃	550℃	600℃
Pd	—	—	0.7	0.8	1.01	1.18	1.35	1.50	1.68
Pd-7Y	—	2.6	3.1	3.6	4.13	4.59	5.18	5.57	5.7
Pd-40Cu	—	1.1	1.3	1.5	1.65	1.75	—	—	—
Pd-6Ru	0.3	0.4	0.55	0.7	0.9	1.1	1.3	1.5	1.8
Pd-6In-0.5Ru	—	0.7	0.85	1.0	1.2	1.5	1.7	1.9	2.0

由表 9-5 可见：金属与钯形成固溶体均能提高透氢性能，金属元素的选择和含量的不同使得透氢能力在不同温度范围内有所区别，其中 Pd-7Y 合金的氢渗透性最高。采用钯合金膜不仅能够改善钯合金膜的稳定性和透氢性能，而且为提升氢气分离效率及降低合金固溶体成本提供了可能。

在非钯金属膜方面，研究人员发现具有体心立方结构的第 V 族元素对氢气选择渗透性能良好，力学性能好，更重要的是在成本方面比钯金属低很多。由于钒金属元素结构的特殊性，相较于同族其他金属，钒金属能够在更宽范围内与其他金属形成稳定的固溶体，更适合作为透氢膜的元素。然而，与纯钯金属膜一样，纯钒金属膜在氢气渗透过程中也会形成氢化物，在压力势下脆性断裂。在使用过程中钒金属膜力学性能下降，用作氢气提纯器件时严重影响对氢气的渗透性和选择性，并增加膜组件的维护成本，而采用钒固溶体合金膜是优选的方案。

9.3.4 液态金属分离

液态金属制氢剂以铝材为主体材料，通过混合添加系列催化材料最终形成粉末状混合物制氢剂。该制氢剂遇水即发生水解反应，迅速产生氢气，释放热量，最终的反应产物可回收用作阻燃剂或其他工业原料。该制氢剂成本低廉，性能优异，可广泛应用于移动制氢领域，如移动电子，氢能汽车，户外电源，以及偏远山区电能供应领域。

液态金属制氢剂的典型优点如下：

1）制氢过程便捷。只需将依米康液态金属制氢剂加入水中（自来水、河水或海水均可），制氢剂产生化学反应，即可产生出足量的高纯度氢气。非常适合用于移动电子，氢能汽车，户外电源，及偏远山区电能供应领域。

2）制氢纯度高，制氢效率高。依米康液态金属制氢剂产生氢气的产率约 $1m^3/kg$，纯度可达 99.99%。制氢反应迅速，可在短时间内产生大量氢气。

3）成本低廉。目前的制氢剂成本约 12~15 元/kg，且制氢装置在复杂度、体积和成本上相对传统技术有明显的优势。

4）生产过程没有任何污染物和废弃物产生，对生产人员和周边环境均无伤害和污染。

9.3.5 膜分离技术在氢气提纯工艺上的应用

1. 钯膜扩散法

在一定温度下，氢分子在钯膜一侧离解成氢原子，溶于钯并扩散到另一侧，然后结合成分子经一级分离可得到 99.99%~99.9999% 纯度的氢，钯合金纯化工艺，对原料气中的氧、水、重烃、硫化氢、烯烃等的含量要求很严，氧会在钯合金膜表面发生氢氧催化反应，反应产生的大量热，使扩散室中钯合金膜局部过热受损，水、硫化氢、烯烃、重烃会使钯合金表面中毒。氢气进入钯膜之前，必须把氧含量降至 1×10^{-7}，水和其他杂质含量降到 1×10^{-6} 以下。钯膜的渗透压力，通常膜前 1.4~3.45MPa，膜后压力 448~690kPa。由于钯属于贵金属，本法只适于较小规模，且对氢气纯度要求很高的场合使用。

2. 聚合物膜扩散法

在气体膜分离技术中，氢气膜分离技术是开发应用最早，技术上最成熟，范围广泛，经济效益特别显著的气体膜分离技术。像美国的杜邦、Air Product 和日本的工业株式会社都是当前生产氢气膜分离器的主要厂家。而最早使用聚合物膜来分离氢气的是杜邦公司（1965年），他们发明了聚酯中空纤维膜分离器（Permasep）来分离氢气。但是膜的厚度过厚，强度也不高，分离器的结构上存在一些缺陷，没能在工业上获得广泛应用。直到 1979年，Monsanto 公司研制出了"Prism"中空纤维膜分离器，被广泛用于工业中纯化氢气，例如从合成氨池放气或从甲醇池放气中回收氢气，从炼厂气中回收和提浓氢气用于油品加氢以及调比 H/CO。

聚合物膜扩散法纯化氢气的基本原理是：在工作压力下，气体通过聚合物膜的扩散速率不同，从而可以达到分离氢气的效果。它主要适用于以下情形：原料气的压力较高，原料气中氢浓度较高，对于富氢气体在低压条件下使用，对于贫氢气体在高压条件下使用。聚合物膜扩散法操作简单，适用范围较为广泛，同时氢气回收率也比较高，但是回收的氢气压力较低，一般可以将它与变压吸附法或低温分离法联合使用，从而产生最好的效果。

3. 膜分离与变压吸附结合

膜分离技术具有模块化、操作简易、投资小及回收率高等优点，但其制得的产品氢气纯度不高，与变压吸附技术正好存在互补性，因而变压吸附与膜分离联合制氢的技术也越来越受重视。

某公司公开了一种重整气提高氢气回收率的方法，该方法首先使用变压吸附装置对重整气进行分离，从非吸附相获得高纯度的产品氢气，解吸气则经加压后进入膜分离装置，从膜分离装置的渗透相获得的富氢渗透气返回变压吸附装置回收氢气，渗余气作为燃料气排出，如图 9-14 所示。该方法将变压吸附技术和膜分离技术相结合，充分发挥各单一技术的优势，可同时提高氢气的纯度和回收率，并降低操作成本。

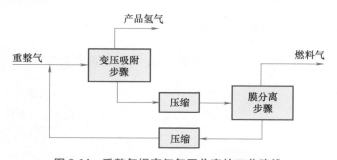

图 9-14　重整气提高氢气回收率的工艺路线

9.4　提纯方法比较分析及典型案例

9.4.1　方法对比

三种提纯工艺对比分析见表 9-6。

表 9-6　三种提纯工艺对比分析

工艺项目	变压吸附	深冷分离	膜分离
原理	用吸附剂对特定气体的吸附和脱附能力	利用尾气中氢与其他组分沸点不同的性质	利用膜对特定气体的选择透过性能
氢回收率	60%~80%	95%左右	90%左右
产品氢纯度	98%~99.9%	90%~95%	90%~95%
操作压力 $(p_入 \sim p_出)$/Mpa	0.8~2.8	2.5~10	2.5~10
投资回收期/年	~1.4	2.8	~1
使用寿命	取决于分子筛电磁阀的使用寿命	较长	正常为10年
占地	较小	较小	最小
操作	程序及阀门切换复杂	复杂	简单,静态操作
操作费用	较低	较高	较低
运行费用	费用高,运行不稳定	高	很低
维护	很多,如换分子筛及电气部分	很多	很少
消耗	—	少量水蒸气	—
操作可靠性	可靠	可靠	可靠

　　变压吸附分离、膜分离以及深冷分离三种氢气提浓技术有着不同的分离原理、工艺流程及特点。需要根据原料气组成等特点和自身需求选择适宜的技术路线,从而实现氢气资源回收利用的最优化,提高企业经济效益。

9.4.2　典型案例PSA半焦煤气制氢

　　图 9-15 所示为 130000Nm³/h 半焦煤气的 PSA 制氢装置工艺流程。

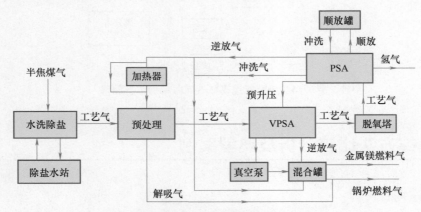

图 9-15　PSA 半焦煤气制氢装置工艺流程

如图 9-15 所示，PSA 半焦煤气制氢装置的工艺流程如下：水洗除盐工序→预处理工序→真空变压吸附（VPSA）氢气提浓与脱氧工序→变压吸附氢气提纯工序。

1. 水洗除盐工序

研究发现，半焦煤气中的 NH_3 易与氰化物、H_2S 和 CO_2 等发生反应，并生成铵盐，且当铵盐积累在一定程度后，便会造成管道堵塞。鉴于此，需选用除盐水来逆流接触和彻底洗涤半焦煤气，且在增强气相与液相传质效果的条件下，半焦煤气中铵盐与氨的去除率可达 90% 以上。

2. 预处理工序

在预处理环节，主要的任务是通过变温吸附（TSA）来去除半焦煤气中的苯、萘和焦油等杂质。

3. 真空变压吸附氢气提浓与脱氧工序

在真空变压吸附中，吸附剂通常具有选择性，则在这一选择性吸附作用下，净化处理后的半焦煤气可一次性去除除氢氮外的全部杂质，而获得的提浓 H_2 的纯度大于 45%。在此之后，先加热，再进入脱氧塔进行脱氧处理，可使 H_2 的回收率大大提高，其中最为关键的步骤是抽真空脱吸，其可使解吸后的吸附剂彻底再生。

4. 变压吸附氢气提纯工序

变压吸附氢气提纯工序是真空变压吸附氢气提浓与脱氧工序后的重要步骤，在吸附剂的选择性吸附作用下，提浓后的 H_2，可一次性去除除氢外的全部杂质，且获得的产品 H_2 的纯度大于 99.9%。在这一工序中，吸附剂的再生过程如下：1 次均压降压→顺放一→顺放二→逆放→冲洗→1 次均压升压→产品最终升压。其中，顺放一产生的气体存储在顺放气缓冲罐中，以免在 PSA 工艺的冲洗末期造成二次污染，从而使吸附塔再生效果更好；顺放二产生的气体先缓冲，再进入真空变压吸附工序，以解决吸附塔在抽真空后产生的压力骤降问题（预升压）。通过 PSA 制氢装置处理以后，半焦煤气的产品 H_2 在标准状态下的输出流量约为 $2900m^3/h$，同时实现了 80%~90% 的 H_2 回收率。

思 考 题

1. 氢气回收都有哪些方法？它们各自的优缺点是什么？
2. 总结说明变压吸附的原理是什么？常用吸附材料有哪些？
3. 按工艺差别可将 PSA 分为哪几类？它们的区别在哪儿？
4. 深冷分离法的原理是什么？常用的方法有哪些？
5. 总结归纳变压吸附效果的主要影响因素。
6. 请描述深冷分离法进行分离时的工艺流程。
7. 膜分离法的原理是什么？常用制氢用膜有哪几种？
8. 膜分离技术在氢气回收工艺上是如何应用的？
9. 查阅资料，说明目前在氢气提纯过程中，膜分离技术可以与哪些技术结合，效果如何？

参 考 文 献

[1] 佚名. 氢气分离的主要方法 [EB/OL]. (2020. 12. 14). https://newenergy. in-en. com/html/newenergy-2397439. shtml.

[2] 佚名. 变压吸附制氢工艺 [EB/OL]. (2020. 5. 11). http://www. woc88. com/w-11399502. html.

[3] 佚名. 制氢技术综述 [EB/OL]. (2015. 12. 19). https://www. docin. com/p-1398262035. html.

[4] 刘洋. 变压吸附原理在工业制氢中的运用 [J]. 化工设计通讯, 2017, 43 (3): 48.

[5] 杨军, 孙炎彬. 浅谈合成氨厂两气氢回收工艺技术 [J]. 化工设计通讯, 2015, 42 (5): 1、10.

[6] 韩坤鹏, 耿新国, 刘铁斌. 炼厂低浓度氢气回收利用的技术现状及进展 [J]. 当代化工, 2020, 49 (3): 665-669.

[7] 蒋国梁, 徐仁贤, 陈华. 膜分离法与深冷法联合用于催化裂化干气的氢烃分离 [J]. 石油炼制与化工, 1995, 26 (1): 26-29.

[8] 韦浩宇. 变压吸附动态过程流程图模拟 [D]. 广州: 华南理工大学, 2004.

[9] 林小芹, 贺跃辉, 江垚, 等. 氢气分离技术的研究现状 [J]. 材料导报, 2005 (8): 33-35+39.

[10] 肖楠林, 叶一鸣, 胡小飞, 等. 常用氢气纯化方法的比较 [J]. 产业与科技论坛, 2018, 17 (17): 66-67.

[11] 田岳林. 无机膜与有机膜分离技术应用特性比较研究 [J]. 过滤与分离, 2011, 21 (1): 45-48.

[12] 吴素芳. 氢能与制氢技术 [M]. 杭州: 浙江大学出版社, 2021.

[13] 李星国. 氢与氢能 [M]. 北京: 机械工业出版社, 2012.

[14] 毛宗强. 制氢工艺与技术 [M]. 北京: 化学工业出版社, 2022.

第 10 章　液氢

10.1　液氢性质及外延产品

氢作为燃料或作为能量载体，较好的使用和储存方式之一是液氢。因此液氢的生产是氢能开发应用的重要环节之一。本章着重讨论液氢的生产问题。

10.1.1　液氢性质

在 101kPa 压强下，温度 $-252.87℃$ 时，气态氢可以变成无色的液态氢。液氢是高能低温物质，其常见性质见表 10-1。

表 10-1　标准条件下液氢性质（$-252.87℃$，101.325kPa）

分子式	H_2	燃点	57℃（844K）
分子量	2.016	爆炸范围（空气中，质量分数）	4.0%~74.2%
外观	无色液体	声速（气体，27℃）	1310m/s
密度	70.85g/L	毒性	无毒
熔点	$-259.14℃$（14.01K）	危险性	易燃易爆
沸点	-252.871（20.28K）		

表 10-2　液氢、气氢与汽油比较

性质 种类	常规汽油	液氢	压缩储气氢
燃料质量/kg	15	3.54	3.54
储罐质量/kg	3	18.2	87
燃料体积/L	20	50	131.38
密度/（kg/m³）	144.5	44.3	20.8

假设车用储氢的标准为：轿车的油耗为 5L/100km，续驶里程为 400km；质子交换膜燃

料电池的氢气利用率100%，行驶400km需要3.54kg氢气。采用压缩储氢方式，氢气压力为30MPa。

从表10-2可见，液氢作为燃料，其系统体积（50L）和质量（18.2kg）都比汽油系统要大。但液态氢的体积只有气态氢的1/800，随着燃料电池车和氢能的普及，氢气需求势必有所增加，液氢储运优势明显，利用液氢输送比气氢的效率要高6~8倍。

10.1.2 液氢外延产品

1. 凝胶液氢（胶氢）

为了提高密度，将液氢进一步冷冻，即得到液氢和固氢混合物，即泥氢（slush hydrogen）。若在液氢中加入胶凝剂，则得到凝胶液氢（gelling liquid hydrogen），即胶氢。胶氢像液氢一样呈流动状态，但又有较高的密度。胶氢的密度与其成形的条件有关。文献给出甲烷就是很好的胶凝剂，不同氢气与甲烷重量比例，会使胶氢的密度有很大变化。相关数据如表10-3所示。

表10-3 胶氢 H_2/CH_4 混合比及其密度

CH_4 加载量（%）	混合比	密度/(kg/m³)	CH_4 加载量（%）	混合比	密度/(kg/m³)
0.0	6.0	70.00	40.0	4.3	107.06
5.0	4.2	73.17	45.0	4.2	114.65
10.0	4.2	76.63	50.0	4.2	123.39
15.0	4.2	80.44	55.0	4.1	133.58
20.0	4.3	84.65	60.0	4.1	145.60
25.0	4.3	89.33	65.0	4.0	160.00
30.0	4.3	94.55	70.0	4.0	177.56
35.0	4.2	100.41			

和液氢相比，胶氢的优点如下：

1）液氢凝胶化以后黏度增加1.5~3.7倍，降低了泄漏带来的危险。

2）减少蒸发损失。液氢凝胶化以后，蒸发速率仅为液氢的25%。

3）减少液面晃动。液氢凝胶化以后，液面晃动减少了20%~30%，有助于长期储存，并可简化储罐结构。

4）提高比冲。比冲是火箭发动机的术语，比冲也叫比推力，是发动机推力与每秒消耗推进剂质量的比值。比冲的单位是 N·s/kg，提高比冲可以提升火箭发射能力。

2. 深冷高压气体（Cryo-compressed Hydrogen，CcH_2）

先看深冷高压氢气的相图，如图10-1所示。

从图10-1可见，深冷高压氢气的温度范围从20~230K，其密度与压力、温度有关，压力升高，储氢密度增大。在880bar压力时，可达到90g/L。深冷高压氢气在38K、350bar的密度为82g/L，为700bar高压氢气的2倍。

德国宝马公司的深冷高压氢气储罐已经安装在其氢燃料电池乘用车上（图 10-2），110L 水容积的 35MPa 深冷高压氢气储罐可储存 6kg 氢气，而丰田 122L 水容积 70MPa 储罐仅储存 5kg 氢气。

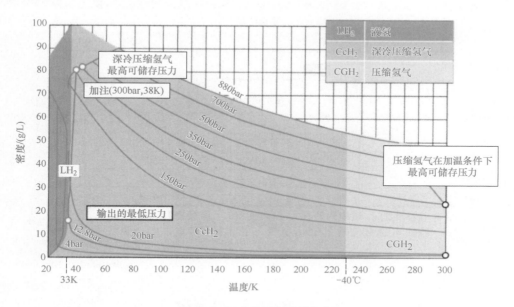

图 10-1 深冷高压氢气的相图

超级绝热压力罐模块(Ⅲ型)		
最大可用容量	CcH₂:7.8kg(260kW·h) CcH₂:2.5kg(83kW·h)	+包括实际储罐压力控制 +与车体的集成 +燃料电池发动机废热回收
操作压力	≤350bar	
出口压力	≥350bar	
加注压力	CcH₂:300bar CGH₂:320bar	
加注时间	<5min	
系统体积	约235L	
系统重量 包括氢气	约145kg	
氢气损失	<< 3g/d 3~7g/h(CcH₂) <1%/a	

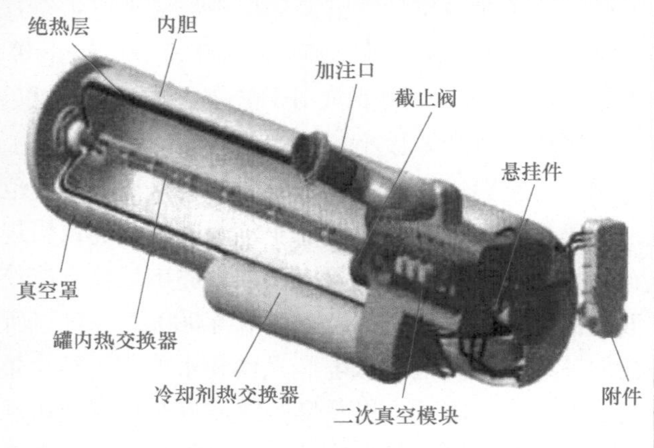

图 10-2 宝马公司用于氢燃料电池乘用车的深冷高压氢气储罐

第3代储罐资料见表10-4。

表 10-4　第 3 代储罐参数

序号	名称	数值
1	系统体积	235L
2	存储体积	151L
3	容器体积	224L
4	系统外附件体积	11L
5	体积利用率	64.3%（=151/235）
6	系统质量	144.7kg
7	液氢存储	10.7kg
8	气氢存储	2.8kg
9	容器质量	122.7kg
10	系统外附件质量	22.0kg
11	系统质量分数	7.1%：2.3kW·h/kg
12	系统体积容量	44.5kg/m³：1.5kW·h/L
13	液氢密度	70.9kg/m³（20.3K，100kPa）
14	气氢密度	18.8kg/m³（300K，27.2MPa）

美国能源部的技术评估报告肯定了深冷高压氢气系统的优点：运输氢气的次数会显著减少，储氢容量为 70MPa 高压气氢的 2 倍。认为对开发氢燃料补给站是必需的。

10.2　液氢用途

液氢是氢的液体状态，能广泛应用于航天、航空、运输、电子、冶金、化工、食品、玻璃等需要用氢的行业领域。

目前，北美对液氢的需求量和生产量最大，占全球液氢产品总消耗量的 85%。在美国，33.5% 的液氢用于石油工业，37.8% 用于电子、冶金等其他行业，10% 左右用于燃料电池汽车加氢站，仅有 18.6% 的液氢用于航室航天和科研试验。

我国当前液氢产能极小，约为全球产能的 1% 左右，应用以航天军事应用为主体，民用市场应用还是空白。近两年来，围绕燃料电池汽车示范应用开展民用液氢技术及装备开发与示范，但仍然缺少大规模民用商业化液氢工厂的顶层规划、示范项目和应用推广，在电子工业、石油精炼和高端制造业等应用领域的市场仍有待挖掘，实际市场需求规模很小。

液氢的储氢密度大，1m³ 液氢相当 800m³ 气氢，所以适用于规模化、长距离输运。预计随着我们三北、西南地区风电、光伏和水电等可再生能源装机容量快速递增，"电转氢"技术发展成熟、成本降低，以及燃料电池汽车推广应用规模扩大、工业领域绿氢替代传统化石能源制氢促进深度脱碳等逐步落实，氢能需求将快速递增，液氢地位也会随之进一步提高。

2010 年上海世博会期间，同济大学在策划燃料电池汽车示范应用所需氢气运输方案时，对氢气通过长管拖车、槽车及管道运输的运输成本、能源消耗及安全性进行深入研究。针对不同数量加氢站，运输距离，通过建立加氢站氢气运输成本模型进行运输成本分析，计算结果表明，上海大规模氢气运输的长管拖车运输成本为 2.3 元/kg，液氢运输成本为 0.4 元/kg，管道运输成本为 6 元/kg。可见液氢运输成本只是气氢运输成本的 1/6。事实上液氢运输也大大减轻了城市的运输压力，减少了温室气体的排放。2020 年，鸿达兴业公司在内蒙古投资建设的我国第一座民用液氢工厂投入运营，填补了中国国内民用液氢生产的空白。

10.3 液氢的生产

在谈液氢生产之前，应该指出氢气的液化和其他气体液化最大的区别就是氢分子存在着正、仲两种状态。制得的液氢会自发进行正、仲平衡并放出大量热量。

10.3.1 正氢与仲氢

氢气是双原子分子。根据两个原子核绕轴自旋的相对方向，氢分子可分为正氢和仲氢。正氢（$0\text{-}H_2$）的两个原子核自旋方向相同（图 10-3a），仲氢（$p\text{-}H_2$）的两个原子核自旋方向相反（图 10-3b）。氢气中正、仲态的平衡组成随温度而变，在不同温度下处于正、仲平衡组成状态的氢称为平衡氢（$e\text{-}H_2$）。

a) 正氢   b) 仲氢

图 10-3   正氢和仲氢的原子示意图

高温时，正、仲态的平衡组成不变；低于常温时，正、仲态的平衡组成将随温度而变。常温时，含 75% 正氢和 25% 仲氢的平衡氢，称为正常氢或标准氢。不同温度时，正常氢中正、仲氢的比例不同，见表 10-5。可见在液氢状态，其仲氢含量高达 99.8%，而在 27℃ 时，仲氢只有 25.07%，期间，大部分仲氢回变为正氢。

在氢的液化过程中，必须进行正-仲催化转化，否则生产出的液氢会自发地发生正、仲态转化，最终达到相应温度下的平衡氢。注意，正-仲氢转化是一种放热反应，自发地发生正-仲态转化，会放出大量热，导致液氢沸腾、失控。因为只有氢气才有正、仲态，所以氢气液化过程中，必须进行正-仲氢催化转化是与其他气体，如空气、氨气、氧气、氮气、氦气液化根本区别的。正常氢转化为平衡氢时的转化热与温度有关。

表 10-5   不同温度下正常氢中仲氢的含量

温度/K	仲氢含量（%）	温度/K	仲氢含量（%）
20.39	99.8	120	32.96
30	97.02	200	25.97
40	88.73	250	25.26
70	55.88	300	25.07

由表 10-6 可见，在 20.39K 时，正-仲氢转化时放出的热量为 525kJ/kg，超过氢的汽化潜热 447kJ/kg。因此，即使将液态正常氢储存在一个理想绝热的容器中，液氢同样会发生汽化；在开始的 24h 内，液氢大约要蒸发损失 18%，100h 后损失将超过 40%，不过这种自发转化的速率是很缓慢的，为了获得标准沸点下的平衡氢，即仲氢含量为 99.8% 的液氢，在氢的液化过程中，必须进行数级正-仲氢催化转化。

表 10-6 正常氢转化为平衡氢时的转化热

温度/K	转化热/(kJ/kg)	温度/K	转化热/(kJ/kg)
15	527	100	88.3
20.39	525	125	37.5
30	506	150	15.1
50	364	175	5.7
60	285	200	2.06
70	216	250	0.23
75	185		

当偏离平衡浓度时，正氢和仲氢之间会自发地相互转化，但转化速度很慢，需要增设催化剂来促进其转化。常用过渡金属催化剂。

10.3.2 液氢生产工艺

液氢主要有四种生产方法，分别介绍如下。

1. 节流液化循环（预冷型 Linde-Hampson 系统，L-H 系统）

1895 年，德国林德（Linde）和英国汉普逊循环（Hampson）分别独立提出，为工业上最早采用的循环，所以也叫林德或汉普逊循环。该系统是先将氢气用液氮预冷至转换温度（204.6K）以下，然后通过 J-T 节流（J-T 节流就是焦耳-汤姆逊节流的缩写）实现液化。

采用节流循环液化氢时，必须借助外部冷源，如液氮进行预冷气氢经压机压缩后，经高温换热器、液氮槽、主换热器换热降温，节流后进入液氢槽，部分被液化的氢积存在液氢槽内，未液化的低压氢气返流复热后回压缩机。其生产工艺流程如图 10-4 所示。

2. 带膨胀机液化循环（预冷型 Claude 系统）

1902 年由克劳特（G Claude）发明。通过气流对膨胀机做功来实现液化，所以带膨胀机的液化循环也叫克劳特液化循环。其中，一般中高压系统采用活塞式膨胀机（流量范围广，效率 75%~85%），低压系统采用透平膨胀机（V4300kW/d，效率 85%）。压缩气体通过膨胀机对外做功可比 J-T 节流获得更多的冷量，因此液氮预冷型 Claude 系统的效率比 L-H 系统高 50%~70%，热力完善度为 50%~75%，远高于 L-H 系统。目前，世界上运行的大型液化装置都采用此种液化流程，其生产工艺流程如图 10-5 所示。

3. 氦制冷液化循环

该工艺包括氢液化和氦制冷循环两部分。氦制冷循环为 Claude 循环系统，这一过程中氦气并不液化，但达到比液氢更低的温度（20K）；在氢液化流程中，被压缩的氢气经液氮预冷后，在热交换器内被冷氦气冷凝为液体。此循环的压缩机和膨胀机内的流体为惰性的氦气，对防爆有利；且此法可全量液化供给的氢气，并容易得到过冷液氢，能够减少后续工艺的闪蒸损失。

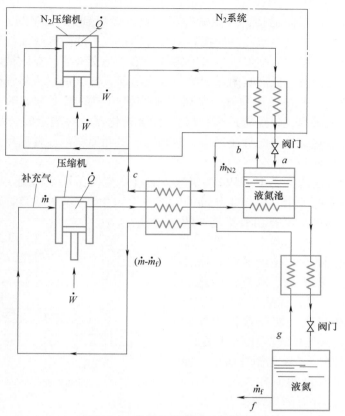

图 10-4　节流液化循环工艺流程

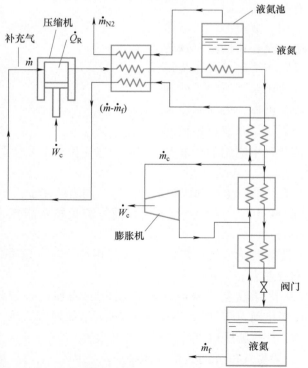

图 10-5　带膨胀机液化循环（预冷型 Claude 系统）工艺流程

氦制冷循环是一个封闭循环，气体氦经压缩机，增压到约 1.3MPa；通过粗油分离器，将大部分油分离出去；氦气在水冷热交换器中被冷却；氦中的微量残油由残油清除器和活性炭除油器彻底清除。干净的压缩氦气进入冷箱内的第一热交换器，在此被降温至 97K。通过液氮冷却的第二热交换器、低温吸附器和第三热交换器，氦气进一步降温到 52K。利用两台串联工作的透平膨胀机获得低温冷量。从透平膨胀机出来的温度为 20K、压力为 0.13MPa 的氦气，通过处于氢浴内、包围着最后一级正-仲氢转化器的冷凝盘管。从冷凝盘管出来的回流氦，依次流过各热交换器的低压通道，冷却高压氦和原料氢。复温后的氦气被压机吸入再压缩，进行下一循环。

来自纯化装置、压力大于 1.1MPa 的氢气，通过热交换器被冷却到 79K。以此温度，通过两个低温纯化器中的一个（一个工作的同时另一个再生），氢中的微量杂质将被吸附。离开纯化器以后，氢气进入沉浸在液氮槽中的第一正-仲氢转化器。转化器中，氢进一步降温并逐级进行正-仲氢转化，最后获得仲氢含量>95%的液态氢产品。离开该转化器时，温度约为 79K，仲氢含量为 48% 左右。在其后的热交换器和从氢液化单位能耗来看，以液氮预冷带膨胀机的液化循环最低，节流循环最高，氦制冷氢液化循环居中。如以有液氮预冷带膨胀机的循环作为比较基础，节流循环单位能耗要高 50%，氦制冷氢液化循环高 25%。所以，从热力学观点来说，带膨胀机的循环效率最高，因而在大型氢液化装置上被广泛采用。节流循环，虽然效率不高，但流程简单，没有在低温下运转的部件，运行可靠，所以在小型氢液化装置中应用较多。氦制冷氢液化循环消除了处理高压氢的危险，运转安全可靠，但氦制冷系统设备复杂，制冷循环效率比有液氮预冷的循环低 25%。故在氢液化当中应用不是很多。其制冷液化循环工艺如图 10-6 所示。

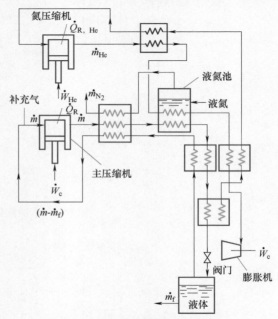

图 10-6　氢制冷液化循环工艺

4. 液氢生产难度

从上面前 3 个工艺看，液氢生产都比较复杂，其共同之处在于：

1）制冷温度低，制冷量大，单位能耗高。目前氢液化技术能耗为 15.2kW·h/kg，效率普遍较低（20%~30%）。

2）氢的正-仲转换使得液化氢气所需的功远大于甲烷、氮、氧等气体，其中正-仲转化热占其理想液化功的 16% 左右。

3）剧烈地比热容变化导致氢气的声速随着温度的增加而快速增大。当氢气压力为 0.25MPa，温度从 30K 变化到 300K 时，声速从 437m/s 增加到 1311m/s。这种高声速使得氢膨胀机转子承受高应力，使得膨胀机设计和制造难度很大。

4）在液氢温度下，除氮气以外的其他气体杂质均已固化（尤其是固氧），有可能堵塞管路而引起爆炸。因此原料氢必须严格纯化。

5. 磁制冷液化循环

磁制冷即利用磁热效应制冷，是一种新的制冷方法。磁热效应是指磁制冷工质在等温磁化时放出热量，而绝热去磁时温度降低，从外界吸收热量。效率可达卡诺循环的 30%～60%，而气体压缩-膨胀制冷循环一般仅为 5%～10%。同时，磁制冷无须低温压缩机，使用固体材料作为工质，结构简单、体积小、重量轻、无噪声、便于维修、无污染。磁制冷液化氢的制取目前还没有商业化，将来应该前景广阔。

10.3.3 液氢生产典型流程

液氢工业化生产已经有多年，下面介绍一些典型的工艺流程。

1. 英戈尔施塔特（Ingolstadt）氢液化生产装置

液氢生产对原料的纯度有很高的要求，含氢量 86% 的原料氢气来自炼油厂，在液化前先经过 PSA 纯化使其中杂质含量低 4mg/kg，压力 2.1MPa 再在低温吸附器中进一步纯化，使其中杂质含量低于 1mg/kg，然后作为原料气送入液化系统进行液化。图 10-7 是英戈尔施塔特氢液化装置的工艺流程图。

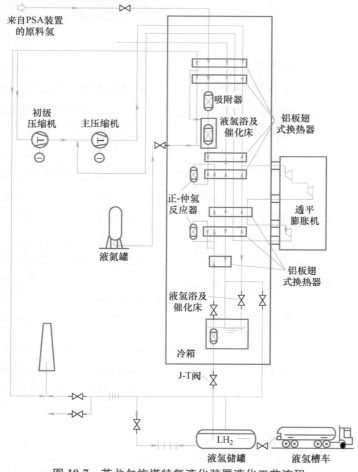

图 10-7 英戈尔施塔特氢液化装置液化工艺流程

该液化流程为改进的液氮预冷型 Claude 循环，氢液化需要的冷量来自三个温区，80K 温区由液氮提供，80~30K 温区由氢制冷系统经过膨胀机膨胀获得，30~20K 温区通过 J-T 阀节流膨胀获得。正-仲氢转换的催化剂选用经济的 Fe(OH)$_3$，分别放置在液氮温区，80~30K 温区（2台）以及液氢温区。

英戈尔施塔特氢液化工厂的技术参数，见表 10-7。

表 10-7　英戈尔施塔特氢液化工厂的技术参数

原料氢	压力	2.1MPa	主压缩机	体积流量	16000m³/h
	温度	<308K		电功	1500kW
	纯度	<4mg/kg	产品液氢	压力	0.13MPa
	仲氢浓度	25%		温度	21K
液氮	质量流量	1750kg/h		质量流量	180kg/h
初级压缩机	入口压力	0.1MPa		纯度	>1mg/kg
	出口压力	约0.3MPa		仲氢浓度	>95%
	电功	57kW		液化净耗功	13.6kW·h/kg（液化氢）
主压缩机	入口压力	0.3MPa	㶲效率		21%
	出口压力	约2.2MPa			

2. 洛伊纳（Leuna）氢液化流程

洛伊纳氢液化系统工艺流程如图 10-8 所示。与英戈尔施塔特的氢液化系统不同之处是：原料氢气的纯化过程全部在位于液氮温区的吸附器中完成；膨胀机的布置方式不同；正-仲氢转换用转换器全部置于换热器内部。

3. 普莱克斯（praxair）氢液化流程

普莱克斯是北美第二大液氢供应商，目前在美国拥有 5 座液氢生产装置，生产能力最小为 18t/天，最大为 30t/天，普莱克斯大型氢液化装置的能耗为 12.5~15kW·h/kg（液化氢），其液化流程均为改进型的带预冷 Claude 循环，如图 10-9 所示。第一级换热器由低温氮气和一套独立的制冷系统提供冷量；第二级换热器由 LN$_2$ 和从原料氢分流的循环氢经膨胀机膨胀产生冷量；第三级换热器由氢制冷系统提供冷量，循环氢先经过膨胀机膨胀降温，然后通过 J-T 节流膨胀部分被液化。剩余的原料氢气经过二、三级换热器进一步降温后，通过 J-T 节流膨胀而被液化。

4. LNG 预冷的氢液化流程

Hydro Edge Co. Ltd. 承建的 LNG 预冷的大型氢液化及空分装置于 2001 年 4 月 1 日投入运行。LNG 预冷及与空分装置联合生产液氢是日本首次利用该技术生产液氢。共两条液氢生产线，液氢产量为 3000L/h，液氧为 4000m³/h，液氮 12100m³/h，液氩为 150m³/h。

10.3.4　全球液氢生产

全球液氢生产装置的运行状况见表 10-8。

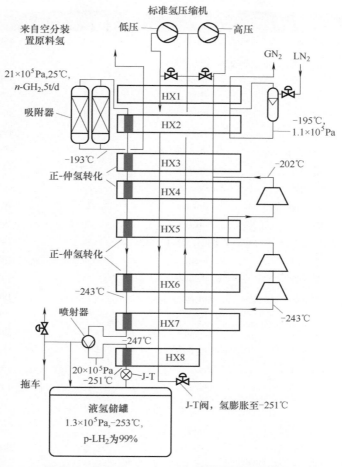

图 10-8　洛伊纳（Leuna）氢液化系统工艺流程

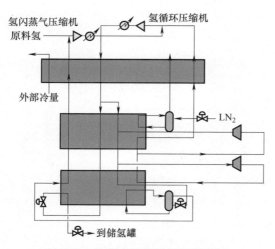

图 10-9　普莱克斯氢液化工艺流程

制氢技术与工艺

表 10-8　全球液氢生产装置运行状况

洲	国家	位置	经营者	生产能力/(t/d)	建造年份	是否运行
美洲	加拿大	萨尼亚	Air Products	30	1982	是
	加拿大	蒙特利尔	Air Liquide Canada Inc	10	1986	是
	加拿大	贝康库尔	Air Liquide	12	1988	是
	加拿大	魁北克	BOC	15	1989	是
	加拿大	蒙特利尔	BOC	14	1990	是
	法属圭亚那	库鲁	Air Liquide	5	1990	是
	美国	佩恩斯维尔	Air Products	3	1957	否
	美国	西棕榈滩	Air Products	3.2	1957	否
	美国	西棕榈滩	Air Products	27	1959	否
	美国	密西西比	Air Products	32.7	1960	否
	美国	安大略	Praxair	20	1962	是
	美国	萨克拉门托	Union Carbide, Linde Div.	54	1964	否
	美国	新奥尔良	Air Products	34	1977	是
	美国	新奥尔良	Air Products	34	1978	是
	美国	尼亚加拉	Praxair	18	1981	是
	美国	萨克拉门托	Air Products	6	1986	是
	美国	尼亚加拉	Praxair	18	1989	是
	美国	佩斯	Air Products	30	1994	是
	美国	麦金托什	Praxair	24	1995	是
	美国	东芝加哥	Praxair	30	1997	是
欧洲	法国	里尔	Air Liquide	10	1987	是
	德国	英戈尔施塔特	Unde	4.4	1991	是
	德国	洛伊纳	Linde	5	2008	是
	荷兰	罗森堡	Air Products	5	1987	是
亚洲	中国	北京	CALT	0.6	1995	是
	中国	海南	文昌蓝星	—	2014	是
	印度	马亨德拉山	ISRO	0.3	1992	是
	印度	加尔各答	Asiatic Oxygen	1.2	—	是
	印度	萨贡达	Andhra Sugars	1.2	2004	是
	日本	尼崎	Iwatani	1.2	1978	是
	日本	田代岛	MHI	0.6	1984	是
	日本	秋田县	Tashiro	0.7	1985	是
	日本	大分	Pacific Hydrogen	1.4	1986	是
	日本	种子岛	Japan Liquid Hydrogen	1.4	1986	是
	日本	南种子	Japan Liquid Hydrogen	2.2	1987	是
	日本	君津	Air Products	0.3	2003	是
	日本	大阪	Iwatani（Hydro Edge）	11.3	2006	是
	日本	东京	Iwatani, built by Linde	10	2008	是

10.3.5 液氢生产成本

液氢生产成本与许多因素有关，生产规模与工艺，原料纯度及成本，压缩机及热交换器的效率，电价等都有很大的关系。现将已经产业化的液氢生产工艺比较如表 10-9 所示。

表 10-9 产业化的液氢生产工艺比较

循环方式	节流液化循环（预冷型 Linde-Hampson 系统）	带膨胀机液化循环（预冷型 Claude 系统）	氦制冷液化循环工艺
单位能耗系数	1.5	1	1.25
工作压力	10~15MPa	约 4MPa	氢气：0.3~0.8MPa 氦气：1~1.5MPa
优点	流程简单，没有低温运动部件，运行可靠	效率高	无操作高压氧的危险，成本低，安全可靠
缺点	效率低	设备简单	设备复杂
应用	小型装置<20L/h	大、中型装置>500L/h	最大可做到1260L/天（法国 Air Liquide 公司）

10.4 液氢的储存与运输

10.4.1 液氢储存

1. 储存方式

（1）车载液氢储存

氢气的液化是通过多次循环的绝热膨胀来实现的。像液化天然气一样，液氢也可以作为一种氢的储存状态。但由于液氢沸点很低、汽化潜热小（0.45kJ/g），因此液氢的温度与外界的温度存在巨大的温差，稍有热量从外界渗入容器，即可造成液氢的快速沸腾而损失。如何保持超低温是车载液态储氢技术的核心难题。为了避免和减少蒸发损失，液氢燃料储罐多采用双层壁式结构，内外层罐壁之间除保持真空外，还要放置碳纤维和多层薄铝箔以防止热量传递。图 10-10 是 Linde 公司研制的车载液氢储罐的结构示意图。据报道，这种隔热技术的效果可以让煮沸的咖啡保温 80 天以上才会降到适宜饮用的温度，也可以使 300~500kPa 的液氢长时间保持在 23K 的低温。为确保运行安全，车上还设有安全管理系统，负责实时监控由于液氢的蒸发所造成的压力升高。当系统氢压达到风险压力时，过载氢气经卸压阀排出。

美国通用、福特和德国宝马等大汽车公司都已推出使用车载液氢储罐供氢的概念车。2000 年 10 月，美国通用公司在北京展示了带有液氢储罐的零排放燃料电池"氢动一号"轿车。"氢动一号"电池组可产生 80kW 的输出功率，电机的输出功率为 55kW，最高时速 140km，从静止到 100km/h 的加速时间只有 16s，并且可以在零下 40℃ 的低温下起动，续驶里程为 400km。达到这样的性能仅仅使用 5kg 液氢燃料，而整个储氢系统仅重 95kg。随后，美国通用公司近年又推出改进型"Hydrogen 3"轿车，最大功率提高到 94kW，电机功率

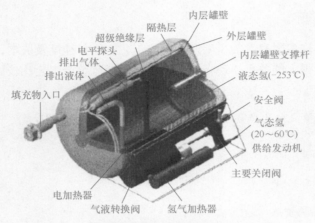

图 10-10　车载液氢储罐

60kW，最高时速 150km，续驶里程同样为 400km，但液氢减少至 68L，4.6kg，使用的液氢储罐长 1000mm，直径 400mm，重 90kg，重量储氢密度 5.1%，体积储氢密度 36.6kg/m³。单从重量和体积储氢密度考虑，液氢技术已接近实用化的目标要求。例如，以同样体积的液氢和汽油分别驱动燃料电池汽车和汽油车，其所续驶里程是基本相同的。

　　因绝热要求，液氢低温储罐所需的体积约为液氢的 2 倍，这也就是说液态储氢系统的实际体积还是汽油箱的 3 倍。氢气的液化成本高、耗能大，制取 1kg 液氢的能耗约为 12kW·h，相当于液氢质量能量的 30%；还有液氢的蒸发问题，"氢动一号"可以把蒸发控制在每天 3% 以内，但蒸发问题没有彻底消除，始终存在。这会带来两方面的负面风险，一方面，为避免储罐压力的升高，必须定期放氢卸压。这在路上行驶时应该不是问题，容易做到，但在相对封闭的停车场或车库内就会有安全隐患；另一方面，即使一辆不开的汽车，其氢燃料也会每天自然减少，停留数日后便再无法开动。而且从经济和安全方面来看，液氢加氢站的建设与日常维护的难度也较大。

　　但液氢的高能、绿色、无污染是其不可忽视的优点，目前国内很多研究机构都针对液氢车载使用中的一些难题进行研究，推进着车载液氢供氢的实践工作。

　　（2）液氢储罐

　　液氢作为氢氧发动机的推进剂，其工业规模的使用，与火箭发动机的研制密不可分。例如：美国著名的土星 5 号运载火箭上，装载 1275m³ 液氢，地面储罐容积为 3500m³，工作压力 0.72MPa，液氢日蒸发率 0.756%，容器的加注管路直径 100mm，可同时接受 5 辆公路加注车的加注。储罐的加注管路直径 250mm，长 400m。

　　俄罗斯 JSC 深冷机械制造股份公司现在生产的火箭发射靶场液氢储罐有两种规格：1400m³ 和 250m³。1400m³ 的液氢罐是球罐，外直径 16m，内径 14m，内筒壁厚 20mm，材料 03×20H16Ar6（03 代表的质量分数，20 代表 Cr 的质量分数，16 代表镍的质量分数），外筒壁厚 24mm，球罐总高度 20m，球罐中心线到地面的高度为 11.2m，采用真空多层绝热方式，日蒸发率小于 0.26%，蒸发氢气采用高空放空的方式，在离球罐顶部 20m 处放空。

　　日本种子岛航天中心的液氢储罐容积为 540m³，现场安装，采用珍珠岩真空绝热方式，日蒸发率小于 0.18%。他们在绝热设计时进行了一系列研究，比如影响珍珠岩绝热性能的各种因素以及绝热材料放气等。在安装上也采用了许多新技术，做了大量的模型试验工作，其中主要有密封性能、绝热性能和清洁度等方面的工作。

法国圭亚那火箭发射场使用 5 个容积为 360m³，可移动、卧式液氢储罐，由美国公司生产。

我国的液氢储罐多应用在液氢生产及航天发射场，如北京航天试验技术研究所、海南发射场、西昌发射场等，均配有地面固定罐、铁路槽车及公路槽车。其液氢储罐有从国外进口设备，也有国内几个大型低温储存设备生产厂家设备。

几种典型的液氢储罐如图 10-11 所示。

a)

b)

c)

图 10-11　几种典型的液氢储罐

2. 液氢设备的绝热材料

（1）堆积绝热

堆积绝热是在需要绝热的表面上装填或包覆一定厚度的绝热材料以达到绝热的目的。堆积绝热有固体泡沫型、粉末型和纤维型。常用的堆积绝热材料有泡沫聚氨酯、泡沫聚苯乙烯、膨胀珍珠岩（又名珠光砂）、气凝胶、超细玻璃棉、矿棉等，为了减少固体导热，堆积绝热应尽可能选用密度小的材料。为防止堆积绝热材料空间有水蒸气和空气通过渗入，从而使绝热性能恶化，可设置水蒸气阻挡层即防潮层，或通过向绝热层中充入高于大气压的干氮气防止水分的渗入。堆积绝热广泛应用于天然液化气储运容器、大型液氧、液氮、液氢储存以及特大型液氢储罐中，堆积绝热的显著特点是成本低，无须真空罩，易用于不规则形状，但绝热性能稍差。

（2）高真空绝热

高真空绝热亦称单纯真空绝热，一般要求容器的双壁夹层绝热空间保持 $1.33×10^{-3}Pa$ 以下压力的高真空度，以消除气体的对流传热和绝大部分的气体传导导热，漏入低温区的热量主要是辐射热，还有少量的剩余气体导热以及固体构件的导热，因而提高其绝热性能主要是从降低辐射热和提高、保持夹层空间真空度两方面考虑，其一是壁面采用低发射率的材料制作或在夹层壁表面涂上低发射率的材料如银、铜、铝、金等，并进行表面清洁和光洁处理，或通过安置低温水蒸气冷却屏降低器壁的温度以减少辐射传热；其二是在高真空夹层中放置吸气剂以保持真空度。单纯高真空度绝热层具有结构简单、紧凑、热容量小等优点，适用于小型液化天然气储存、少量液氧、液氮、液氢以及少量短期的液氢储存，由于高真空度的获得和保持比较困难，一般在大型储罐中很少采用。

（3）真空粉末（或纤维）绝热

真空粉末（或纤维）绝热是在绝热空间充填多孔性绝热材料（粉末或纤维），再将绝热空间抽至一定的真空度（压力在 $1×10^{-10}Pa$ 左右），是堆积绝热与真空绝热相结合的一种绝热形式。在粉末（或纤维）绝热中，气体导热起了很大的作用，绝热层被抽成真空可显著降低表观热导率，只要在不高的真空度下，就可以消除粉末或纤维多孔介质间的气体对流传热，从而大大减小高真空度的获得与保持的困难。由于真空粉末（或纤维）绝热层中辐射为主要漏热途径，在真空粉末中掺入铜或铝片（包括颗粒）可有效地抑制辐射热，该类绝热称为真空阻光剂粉末绝热。影响真空粉末绝热性能的主要因素有绝热层中气体的种类与压强、粉末材料的密度、颗粒的直径以及金属添加剂的种类与数量。真空粉末绝热所要求的真空度不高，而绝热性能又比堆积绝热优两个数量级，因此广泛用于大、中型低温液体储存中，如液化天然气储存，液氧、液氮运输设备及大量的液氢船运设备中，其最大的缺点是要求绝热夹层的间距大，结构复杂而笨重。

（4）高真空多层绝热

高真空多层绝热简称多层绝热，是一种在真空绝热空间中缠绕包扎许多平行于冷壁的辐射屏与具有低热导率的间隔物交替层组成的高效绝热结构。其绝热空间被抽到 $1×10^{-3}Pa$ 以上的真空度，辐射屏材料常用铝箔、铜箔或喷铝涤纶薄膜等，间隔物材料常用玻璃纤维纸或植物纤维纸、尼龙布、涤纶膜等，使绝热层中辐射、固体导热和残余气体热导都减少到了最低程度，绝热性能卓越，因而亦被称为"超级绝热"。有效地将残余气体从绝热层中抽出是高真空多层绝热的关键问题，在实际制造工艺中，需要在绝热层间扎许多小孔以利多层层间压力平衡，保证内层的残余气体能被充分地抽出：采用填炭纸作为间隔物可有效地利用活性炭在低温下的高吸附性能，吸附真空夹层中材料的放气，以长时间保证绝热夹层中的高真空度。真空多层绝热结构特点是绝热性能卓越，重量轻，预冷损失小，但制造成本高，抽空工艺复杂，难以对复杂形状绝热，应用于液氧、液氮的长期储存，液氢、液氦的长期储存及运输设备中。

（5）高真空多屏绝热

高真空多屏绝热是一种多层绝热与蒸气冷却屏相结合的绝热结构，在多层绝热中采用由挥发蒸气冷却的气冷屏作为绝热层的中间屏，由挥发的蒸气带走部分传入的热量，以有效地抑制热量从环境对低温液体的传入。多屏绝热是多层绝热的一大改进，绝热性能十分优越，热容量小、质量轻、热平衡快，但结构复杂，成本高，一般适用于液氢、液氮的小型储存容器中。

液氢的沸点低，汽化潜热很小，通常液氢储运容器必须具有优异的绝热性能，低温液体储运容器绝热结构形式的选择，应根据不同低温液体的沸点，储存容器容积的大小、形状，移动或固定形式，日蒸发率等工况要求，以及制造成本等多种因素综合考虑，一般选择原则是：低沸点的液体储运容器采用高效绝热，如高真空多层绝热；大型容器选用制造成本低的绝热形式，而不必过多考虑重量和所占空间大小，如堆积绝热；运输式及轻便容器应采用重量轻，体积小的绝热形式；形状复杂的容器一般不宜选用高真空多层绝热；间歇使用的容器，宜选用热容量小的高真空绝热或有液氮预冷的高真空绝热；小型液氢容器，尽可能采用多屏绝热。

10.4.2　液氢运输

1. 利用液氢储罐运输

液氢生产厂至用户较远时，一般可以把液氢装在专用低温绝热罐内，再将液氢储罐放在货车、火车或船舶上运输。

液氢槽车是关键设备，常用水平放置的圆筒形低温绝热槽罐。汽车用液氢储罐其存储液氢的容量可以达到 $100m^3$。图 10-12 是液氢低温汽车槽罐车。

图 10-12　液氢低温汽车槽罐车

利用低温铁路槽车长距离运输液氢是一种既能满足较大地输氢量，又比较快速、经济的运氢方法。这种铁路槽车常用水平放置的圆筒形低温绝热槽罐，其储存液氢的容量可以达到 $100m^3$ 特殊大容量的铁路槽车甚至可运输 $120 \sim 200m^3$ 的液氢。

在美国，NASA 还建造有输送液氢用的大型驳船。驳船上装载有容量很大的储存液氢的容器。这种驳船可以把液氢通过海路从路易斯安那州运送到佛罗里达州的肯尼迪空间发射中心。驳船上的低温绝热罐的液氢储存容量可达 $1000m^3$ 左右。显然，这种大容量液氢的海上运输要比陆上的铁路或高速公路上运输更为经济，同时也更加安全。图 10-13 是输送液氢的大型驳船。

图 10-13　输送液氢的大型驳船

日本军工企业川崎重工利用在 LNG 船的设计和建造方面的丰富经验，在此基础上研发了液化氢储存系统，建造了两艘装载量为 2500m³ 的液氢运输船，其运输量可供 3.5 万辆燃料电池车使用 1 年。2500m³ 液氢运输船采用两个 1250m³ 的真空绝热 C 型独立液货舱，并将氢罐的蒸发率控制在 0.09%/天左右。该公司计划在 2030 年，建造 2 艘 16 万 m³ 规模的运输船，采用 B 型独立液货舱。

2. 液氢的管道输送

液氢一般采用车辆或船舶运输，也可用专门的液氢管道输送，由于液氢是一种低温（-250℃）的液体，其储存的容器及输送管道都需有高度的绝热性能，并设计绝热构造以降低冷量损耗，因此管道容器的绝热结构就比较复杂。液氢管道一般只适用于短距离输送。目前，液氢输送管道主要用在火箭发射场内。

在空间飞行器发射场内，常需从液氢生产场所或大型储氢容器罐输送液氢给发动机，此时就必须借助于液氢管道来进行输配。比如美国肯尼迪航天中心使用真空多层绝热管路为航天飞机加注液氢，液氢由液氢库输送到 400m 外的发射点。39A 发射场采用的 254mm 真空多层绝热管路的技术特性如下：反射屏铝箔厚度 0.01μm、20 层，隔热材料为玻璃纤维纸，厚度 0.16μm。管路分段制造，每节管段长 13.7m，在现场以焊接在一起。每节管段夹层中装有 5A 分子筛吸附剂和一氧化钯吸氢剂，单位真空夹层容积的 5A 分子筛量为 4.33g/L。管路设计使用寿命为 5 年，在此期间内，输送液氢时的夹层真空度优于 $133×10^{-4}Pa$。39B 发射场的 254mm 真空多层绝热液氢管路结构及技术特性与 39A 发射场的基本相同，其不同点是反射屏材料为镀铝聚酯薄膜，厚度 $0.01\mu m$；真空夹层中装填的吸附剂是活性炭，单位夹层容积装入 4116g/L；未采用一氧化钯吸氢剂。在液氢温度下，压力为 $133×10^{-4}Pa$，5A 分子筛对氢（标准状态）的吸附量可达 $160cm^3/g$ 以上，而活性炭的吸附量可达 $200cm^3/g$。影响夹层真空度的主要因素是残留的氢气、氖气。为此，在夹层抽真空过程中需要用干燥氮气多次吹洗置换。分析表明，夹层残留气体中主要是氢，其最高含量可达 95%，其次为 N_2、O_2、H_2O、CO_2、He。5A 分子筛在低温低压下对水仍有极强的吸附能力，所以采用 5A 分子筛作为吸附剂以吸附氧化钯吸氢后放出的水。5A 分子筛吸水量超过 2% 时，其吸附能力将明显下降。

我国科技工作者研究了液氢在长距离管道输送中存在着最佳流速，并分析了实际液氢输送过程中的输送状态。一批中国文献从 20 世纪 80 年代到现在不断针对液氢管道的数学模拟、设计、冷却等进行探讨，可见我国对液氢管道的关注度甚高。我国也有类似用途的液氢管道，不过尚没有公开文献报道。

10.5　液氢的加注

液氢储氢型加氢站是目前美国、欧洲和日本主要采用的加氢站模式。

普遍做法是液氢用罐车运输至加氢站转注至站内储罐，但转注过程中存在约 10% 的汽化损失；也有将液氢罐车放置在加氢站内直接利用的做法。

加注的方法包括：使用汽化器汽化后再用压缩机加压后加注（萨克拉门托等地采用）；使用液氢泵加压后汽化，不使用压缩机而直接加注（芝加哥等地采用）；或是利用液氢储罐和车载储氢瓶之间的压差或液氢泵压送的方法直接加注液氢。

10.5.1　液氢加注系统

典型的液氢加注系统如图 10-14 所示。

图 10-14　典型的液氢加注系统

使用时，液氢加注流量应该有一个调节范围，为满足这个要求，液氢的加注可以通过调节挤压压力或者挤压压力调节和节流阀相结合的组合调节方式。大流量加注时，采用单纯挤压方式使液氢在单相流状态下正常加注，小流量加注时，采用挤压压力调节和节流阀相结合的组合调节方式调节流量，使加注流量稳定并使节流阀前的管路处于单相流状态下工作。

图 10-15 是位于日本福冈的一座加氢站。该站储存 3000kg 的液氢。值得指出的是该站与现有的加气站共建在一起，距离很短。

图 10-15　日本福冈加氢站

10.5.2　防止两相流的措施

液氢在管路中流动易汽化形成两相流，使得管路有效过流面积减小，流动阻力增大，加注流量降低且不稳定，使流量调节发生困难。航天工业总公司一院十五所章洁平介绍了新型液氢加注系统，为防止两相流，对原系统做了重大改进。下面根据试验结果，从理论上简要分析这些改进的机理和效果。

防止产生两相流的充分与必要条件是：

$$p_{vp} < p$$

式中　p_{vp}——液氢的饱和蒸气压；

　　　p——管路中液氢静压。

1）提高管路的绝热性能和降低管路流阻，减少液氢温度的升高。

2）适当提高挤压压力，以便使 $p > p_{vp}$。

3）用过冷器对液氢进行过冷，使得其饱和蒸气压力降低。

在中国，液氢目前仅在航天领域有成熟应用，有完整成套的技术标准和相应的制取、储运和加注设施。民用领域的液氢技术还处于准备阶段，产业化需要时间。

10.6　液氢的安全

1. 相关研究工作

国际对液氢安全非常重视。美国 NASA 和美国火灾科学国家重点实验室针对液氢以及氢气的泄漏研究比较全面。NASA 在 20 世纪 50 年代在墨西哥沙滩开展了液氢大规模扩散受风速和风向的影响试验。在 1981 年，美国国家航空航天局（NASA）进行了一系列大规模液氢泄漏实验，他们将低温氢气充入液氢储罐，将储罐内的液氢通过一条长 30.5m 的液氢管输送到指定的地点，液氢通过溢流阀倾倒到钢板上，然后在压实的沙地上自由扩散与蒸发。该实验基地在不同方位布置了 9 座监测塔，每一座监测塔上分布有多支气体取样瓶、氢气浓度监测器、风速扰流指示器、温度传感器等，方便实时监控和记录实验数据。系列实验中，最具有代表性的实验 6 在 38s 内匀速倾倒了 5.11m³ 的液氢，当时环境的风速为 2.20m/s，空气温度为 288.65K，垂直方向上的温度梯度为 −0.0179K/m，空气相对湿度为 29.3%，露点温度为 271.49K。实验表明，从开始倾倒到液氢蒸发结束，液氧的蒸发时间约 43s，可见持续时间约 90s 可燃氢气在下风向的最远距离达 160m，可燃氢气在高度方向上的最远距离达 64m。

　　1988 年，美国火灾科学国家重点实验室的 Shebeko 等对封闭空间氢气的泄漏扩散做了实验研究，并分析了射流动能是影响氢气扩散的主要因素。

　　2010 年，英国安全研究所（HSL）进行了运输车上的液氢储罐在大空间泄漏后的点火实验。液氢出口流量为 60L/min，液氢流出时间持续 2min。实验过程中发现，由于液氢的低温使得空气中的水蒸气、氧气以及氮气都有不同程度的凝固，在地面上形成明显的固态沉积物。研究人员还进行了多次点火实验，点火在液氢泄漏稳定之后进行，点火地点位于距离氢源 9m，高 1m 处。点火后，空气中先发出一些低沉的响声，然后火焰开始拉升，火焰的上升速度大约为 30m/s。实验结果表明，氢气燃爆浓度最远到达的距离为 9m，由于液态水蒸气云的存在，即使在氢气可燃爆浓度范围内，泄漏产生的氢气也不是非常容易燃爆。在所进行的实验之中，某次实验在点燃了 4 次 1kJ 的化学可燃物之后依然没有引起氢气的燃爆。

　　我国对液氢的安全极为重视，也做了大量工作。北京航天试验技术研究所报道了我国这方面的工作。2011 年，北京航天试验技术研究所进行了 18L 液氢蒸发扩散试验。科研人员利用广口杜瓦瓶装盛液氢，将液氢瞬时倾倒入水泥池（长×宽×高为 0.5m×0.2m×0.2m），测量液氢在户外试验环境下的行为。改变液氢容器泄漏量、气象条件来分别考察各种因素对蒸发的影响。试验场地为 30m²，泄漏源是直径 1.6m、高 2m 的广口杜瓦瓶液氢储罐，如图 10-16 所示。

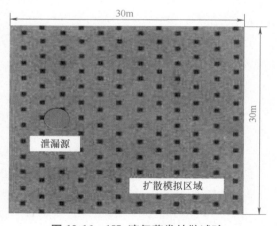

图 10-16　18L 液氢蒸发扩散试验

将18L液氢泄漏在0.1m² 水泥池中，50s全部蒸发完，环境温度27℃，相对湿度55%，在风速2.6m/s的池上方1m处采样分析。通过改变液氢扩散的风速、环境温度和泄漏量，用ALOHA软件进行扩散模拟。最后得出如下结论：

1）环境风速对氢气扩散范围影响显著，泄漏扩散距离随着风速的增大而变小，风速越大，泄漏扩散范围越小。

2）泄漏扩散距离随着环境温度的升高而变大，温度越高，泄漏扩散范围越大。

3）泄漏扩散距离随着泄漏量的增加而变大，泄漏越大，泄漏扩散范围越大。

与现实试验结果相比：对于液氢蒸发试验，软件模拟与试验结果的相对误差小于11%；对于氢气扩散试验，软件模拟与试验结果的相对误差小于17%。二者均在可接受范围内。

数值模拟方面，美国国家科学研究中心利用数值模拟软件分析得出：液氢泄漏后泄漏源类型和来自地面的热量是影响液氢蒸发扩散的主要影响因素；美国Prankul Middha 等针对1980年NASA关于液氢泄漏的实验开展了相关的数值模拟研究，验证了数值模拟方法的可行性。我国对液氢泄漏与扩散的研究大多集中在数值模拟的理论研究阶段，张起源、吴光中、李茂等人对氢排放扩散进行了相关的数值模拟研究，取得了一些研究成果。

吴梦茜等人进行的数值模拟，通过CFD软件FLUENT对液氢泄漏进行数值仿真，深入探究液氢泄漏和扩散过程的机理，建立了低温氢泄漏的三维瞬态数值计算模型，来分析液氢的蒸发和气态氢的扩散过程，并评估在开放环境中液氢泄漏的安全问题。

2. 相关标准

针对液氢的安全问题，各国也建立了一系列的相关标准，具体见表10-10。

表10-10　关于液氢的相关标准

序号	标准号	中文名称	备注
1	NSS 1740.16	氢及氢系统安全标准	美国国家宇航局
2	AIAA-G-095	氢及氢安全系统安全指导	美国航空航天学会
3	NASA-STD-8719.12	爆炸物、推进剂及烟火标准	美国国家宇航局
4	DOD 6055.09-STD	弹药与爆炸物安全标准	美国国防部
5	GLM-QS-1700.1	格林安全手册	美国国家宇航局
6	GJB2645	液氢储存运输要求	—
7	GJB5405	液氢安全应用准则	—
8	QJ3271	氢氧发动机试验用液氢生产安全规程	—
9	ISO/TR 15916-2015	氢气系统安全标准	—
10	AIAA-G-095-2004	氢和氢系统安全指导	美国联邦运输规定
11	Doc 06/19	储存、处理和分配液氢的安全性	危险货物国家道路运输欧洲公约（ADR）
12	TOCTP 56248-2014	液氢技术条件	—
13	GB/T 40060—2021	液氢储存和运输技术要求	中华人民共和国国家市场监督管理总局

10.7 发展前景

液氢在氢的储存、运输方面具有明显的优越性，在氢能产业商业化的导入期，积极开发液氢生产技术及其装备制造技术是大势所趋。

从技术角度来讲，低温液态氢更具成本优势，液氢储运已渐渐成为未来大规模储运氢的行业共识。

思 考 题

1. 液氢的优点有哪些？
2. 液氢的主要生产工艺有哪几种？
3. 液氢的储存方式主要有哪几种？
4. 液氢设备的绝热材料分哪几种？
5. 液氢的输送方式主要有哪几种？
6. 液氢扩散会对环境造成怎样的影响？影响规律是什么？

参 考 文 献

[1] PALASZEWSKI B. Gelled Liquid Hydrogen：A White Paper ［M］. Cleveland：NASA Lewis Research Center，1997.

[2] KUNZE K, KIRCHER O. Cryo-Compressed Hydrogen Storage ［M］. Weinheim：Wiley-VCH Verlag GmbH & co. KGaA. 2012.

[3] STOLTEN D, SAMSUN R C, GARLAND N. Fuel Cells：Data，Facts and Figures ［M］. Weinheim：Wiley-VCH Verlag GmbH & Co KGaA，2016.

[4] AHLUWALIA R K，PENG J K，HUA T Q. Cryo-Compressed Hydrogen Storage Performance and Cost Review ［J］，Com-pressed and Cryo-Compressed Hydrogen Storage Workshop. 2011 （2）：14-15.

[5] KRASAE S, HSTANG J, NEKSA P. Development of large-scale hydrogen liquefaction processes from 1898 to 2009 ［J］. International journal of hydrogen energy，2010，35 （10）：4524-4533.

[6] 马建新，刘绍军，周伟，等. 加氢站氢气运输方案比选 ［J］. 同济大学学报（自然科学版），2008 （5）：615-619.

[7] 唐璐，邱利民，姚蕾，等. 氢液化系统的研究进展与展望 ［J］. 制冷学报，2011，32 （6）：1-8.

[8] 郑祥林. 液氢的生产及应用 ［J］. 今日科苑，2008 （6）：59.

[9] WOLF J. Liquid-hydrogen technology for vehicles ［J］. MRSBulletin，2002，27 （9）：684-687.

[10] CHEN Y, SEQUEIRA C A C, CHEN C P, et al. Metal hydride beds and hydrogen supply tanks as minitype PEMFC hydrogen sources ［J］. Int J Hydrogen Energy，2003，28：329-333.

[11] 陈江凡，邹华生. 大型液化气低温储罐结构及其保冷设计 ［J］. 油气储运，2006，25 （7）：11-15.

[12] 杨晓阳，骆明强. 国内外液氢贮存、运输的现状及发展 ［EB/OL］. （2020.1.31）. https://mp. WeiXin. qq. com/biz=myg4OTUy-html.

[13] 马宇坤，张勤杰，赵俊杰. 船舶行业"氢"装上阵之路有多远 ［J］. 船舶物资与市场，2018，26 （8）：14-16.

[14] LOWESMITH B J, HANKINSON G, CHYNOWETH S. Safety issues of the liquefaction, storage and trans-

portation of liquid hydrogen：studies in the idealhy project ［J］. International Conference on Hydrogen Safety, 2013, 9, 1-14.

［15］梁怀喜，赵耀中，刘玉涛. 液氢长距离管道输送探讨 ［J］. 低温工程，2009（5）：41-44+50.

［16］栾骁，马昕晖，陈景鹏，等. 液氢加注系统低温管道中的两相流仿真与分析 ［J］. 低温与超导，2011，39（10）：20-23+73.

［17］赵志翔，厉彦忠，王磊，等. 微弱漏气对液氢管道插拔式法兰漏热的影响 ［J］. 西安交通大学学报，2014，48（5）：37-42.

［18］马昕晖，徐腊萍，陈景鹏，等. 液氢加注系统竖直管道内 Taylor 气泡的行为特性 ［J］. 低温工程，2011（6）：66-70.

［19］韩战秀，王海峰，李艳侠. 液氢加注管道设计研究 ［J］. 航天器环境工程，2009，26（6）：561-564+499.

［20］COMMANDER J C，SCHWARTZ M H，湘言. 大直径液氢和液氧管道的冷却 ［J］. 国外导弹技术，1981（7）：63-83.

［21］符锡理. 液氢、液氧输送管道的二氧化碳冷凝真空绝热 ［J］. 国外导弹与宇航，1984（11）：33-36.

［22］符锡理. 美国肯尼迪航天中心 39A、39B 发射场的液氢液氧加注管道 ［J］. 国外导弹与宇航，1983（6）：17-19.

［23］吴梦茜. 大规模液氢泄漏扩散的数值模拟与影响因素分析 ［D］. 杭州：浙江大学，2017.

［24］WITKOFSKI R D，CHIRIVELLA J E，Experimental and analytical analyses of the mechanismsgoverning the dispersion of flammable clouds frrmed by liquid hydrogen spills ［J］. International Journal of Hydrogen Energy，1984，9（5）；425-435.

［25］ANGAL R，DEWAN A，SUBRAMAN K A. Computational study of turbulent hydrogen dispersion hazards in a closed space ［J］. IUP Journal of Mechanical Engineering，2012，5（2）：28-42.

［26］VENETSANOS A G，PAPANIKOLAOU E，BARTZIS J G. The ADREA—HF CFD code for consequence assessment of hydrogen applications ［J］. Interational Journal of Hydrogen Energy，2010，35（8）：3908-3918.

［27］HEDLEY D，HAWKSWORTH S J，RATTIGAN W，et al. Large-scale passive ventilation trials of hydrogen ［J］. International Journal of Hydrogen Energy，2014，39（35）：20325-20330.

［28］凡双玉，何田田，安刚等. 液氢泄漏扩散数值模拟研究 ［J］. 低温工程，2016（6）：48-53.

［29］VENETSANOS A G，BARTZIS J G. CFD modeling of largescale LH spills in open environment ［J］. International Journal of Hydrogen Energy，2007，32（13）：2171-2177.

［30］SHEBEKO Y N，KELLER V D，YEMENKO O Y，et al. Regularities of formation and combustion of local hydrogenair mixtures in a large volume ［J］. Chemical Industry，1988，21（24）：728.

［31］HALLGARTH A，ZAYER A，GATWARD A，et al，Hydrogen vehicle leak model-ing in indoor ventilated environments ［C］. COMSOL Conference，Milan，Ttaly，2009：165-186.

［32］吴光中，李久龙，高婉丽，等. 大流量氢气的排放与扩散研究 ［J］. 导弹与航天运载技术，2010（5）：51-55.

［33］李茂，孙万民，刘瑞敏. 低温氢气排放过程数值模拟 ［J］. 火箭推进，2013，39（4）：74-79.

第 11 章　其他制氢技术

11.1 核能制氢技术

核能是清洁的一次能源，经过半个多世纪的发展，核电已经成为清洁、安全、成熟的发电技术。为了实现核能的可持续发展，核能界提出了第四代核能系统的概念，即利用已经大规模商用的核电系统的经验开发出更安全、经济性更好的核能系统。与传统制氢方法相比，核能制氢具有高效、清洁、大规模、经济等多方面的优点。世界上许多国家，如美国、日本、法国、加拿大和中国，都在大力开展核能制氢技术的研发工作。

11.1.1 核能制氢的原理

核能制氢就是利用核反应堆产生的热作为制氢的能源，通过选择合适的工艺，实现高效、大规模的制氢，同时减少甚至消除温室气体的排放。核能制氢原理示意图如图 11-1 所示。

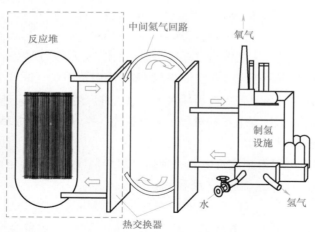

图 11-1　核能制氢原理示意图

核能到氢能的转化途径较多，如图 11-2 所示，包括以水为原料经电解、热化学循环高温水蒸气电解制氢，以硫化氢为原料裂解制氢，以天然气、煤、生物质为原料的热解制氢等。利用核电电解水只是核能发电与传统电解的简单联合，仍属于核能发电领域，一般不视为真正意义上的核能制氢技术。未来的核能-氢能系统除了要采用先进的核能系统之外，还要采用先进的制氢工艺，对工艺的要求是：

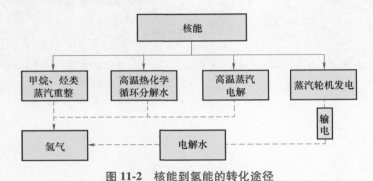

图 11-2　核能到氢能的转化途径

1）原料资源丰富，即利用水分解制氢。
2）制氢效率高。
3）制氢过程中不产生温室气体的排放。

按照上述要求，以水为原料、全部或部分利用核热的热化学循环和高温水蒸气电解被认为是代表未来发展方向的核能制氢技术。

11.1.2　核能制氢的工艺

研究比较广泛的核能制氢的工艺主要包括三种：甲烷水蒸气重整，高温电解水，热化学循环分解水制氢。

1. 甲烷水蒸气重整制氢

甲烷水蒸气重整（Steam-Methane Reforming，SMR）是目前工业上主要的制氢方法，该法通常以天然气为原料，成本低廉，但产生大量的温室气体。

$$CH_4 + 2H_2O \rightarrow 4H_2 + CO_2 \tag{11-1}$$

在 500~950℃的温度下，天然气与水蒸气在催化剂作用下反应产生氢气，制得的气体组成中，氢气含量可达 74%（体积分数）。在传统的 SMR 法中，甲烷气既作为产生 H_2 的反应物，又能燃烧作为反应的热源，该工艺需要消耗大量天然气并产生大量 CO_2 排放。当用核反应堆作为水蒸气重整的热源时，该过程节省相对数量的天然气，并可以减少约 35% 的 CO_2 排放。

2. 高温电解水制氢

电解水技术适用于可以得到廉价电能或者需要高纯氢气的场合。电解水反应需要大量的电能，取决于反应焓（或总燃烧热）、熵和反应温度。

$$H_2O \rightarrow H_2 + 0.5O_2 \quad -242kJ/mol \tag{11-2}$$

在标准条件下电解水制氢的电能消耗约为 4.5kW·h/m³。随着金属氧化物隔膜固体和氧离子传导电极的发展，高温水蒸气电解过程有可能实现。高温电解主要是基于固体氧化物电解过程实现，其原理如图 11-3 所示；典型操作温度为 800℃，产氢耗电量为 3kW·h/m³ 氢气。选择的金属氧化物隔膜为锆基陶瓷膜，在操作温度下氧离子传导率很高；在 1000℃ 下操作时耗电减少 30%。水蒸气高温电解的过程为固体氧化物燃料电池的逆过程。目前研究的目标是发展低成本、高效、可靠、耐用的电解池。

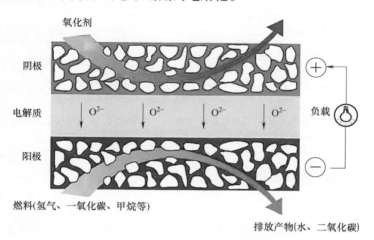

图 11-3　固体氧化物高温电解原理

3. 热化学循环分解水制氢

在理论上，水的热解离是利用水制氢的最简单的反应，但是该方法不能用于大规模制氢，原因至少有两点：第一需要 2500℃ 以上的高温；第二要求发展能在高温下分离产物氢和氧的技术，以避免气体混合物发生爆炸。为了避免上述问题，提出采用若干化学反应将水的分解分成几步完成的办法，这就是所谓热化学循环，所需热源温度在 800~900℃。

对热化学循环的研究始于 20 世纪 60 年代，研究者提出了很多个可能的循环，对这些循环进行了大量的研究，在热力学、效率和预期制氢价格等几方面进行研究和比较，以便找到最有应用前景的循环。目前，得到国外普遍认可的循环为碘硫（IS）循环。

碘硫（IS）循环过程由 3 步反应组成（循环原理见图 11-4）：

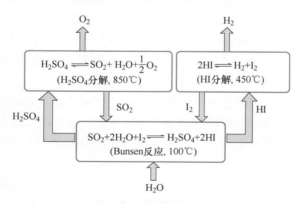

图 11-4　碘硫循环原理

Bunsen 反应：$\qquad\qquad SO_2 + I_2 + 2H_2O \Longrightarrow H_2SO_4 + 2HI$ $\qquad\qquad$ (11-3)

硫酸分解反应：$\qquad H_2SO_4 \rightleftharpoons SO_2 + \frac{1}{2}O_2 + H_2O \qquad$ (11-4)

氢碘酸分解反应：$\qquad 2HI \rightleftharpoons H_2 + I_2 \qquad$ (11-5)

上述三种不同核能制氢工艺的优劣如表 11-1 所示。

表 11-1　不同核能制氢工艺优劣对比

制氢工艺	优势	劣势
甲烷水蒸气重整制氢	原料容易获取，价格低廉，工业应用经验丰富	二氧化碳排放量高，受天然气价格波动影响较大
高温电解水制氢	氢气纯度高，效率高，可模块化组合	耗电量大，电价对氢气的成本影响很大，电极寿命短
热化学循环制氢	可利用低品位热量，耗电量较常规电解有所降低	效率稍低，反应环境复杂，在工艺和材料方面仍需大量的研发

11.1.3　核能制氢的经济性与安全性

1. 经济性

核能制氢技术能否实现商业利用，不仅取决于技术本身的发展，而且还取决于所能实现的制氢效率和生产的氢的价格能否被市场所接受。目前，美国、法国等大力发展核能制氢技术的国家和国际原子能机构（IAEA）都在开展核氢经济性的研究。

IAEA 开发了氢经济性评估程序（HEEP），要通过评估给出产品氢的平准化价格。所考虑的技术既包括成熟技术——水蒸气重整和低温电解，也包括正在发展的新技术——热化学循环（S-I、HyS、Cu-Cl）等。与制氢厂耦合的反应堆包括 PWR-PHWR（较低温度）、SCWR（中等温度）和 VHTR-FBR-MSR（高温）等。

核氢启动计划（NHI）是美国能源部（DOE）氢计划的一部分，NHI 除了要发展核氢技术之外，还开展了核氢经济分析。NHI 系统的目标是：对制氢工艺的费用进行评估，以决定工艺示范的次序和为进一步的决策提供依据，了解相关费用和风险作为研发资源分配的依据，对相关的市场问题和风险进行评价。

NHI 选了热化学碘硫循环、高温水蒸气电解和混合硫循环（HyS）进行评估。经济评估的数据和分析系统将确定的制氢工艺的投资和运行费用的估算作为输入，经过计算得到氢的价格。在 2007 年完成了初步分析，2008 年又组织西屋、南非球床模块反应堆项目（PBMR）和 Shaw 公司进行评估。2008 年得出的评估结果为核能制氢效率为 37%~42%，氢价为 3.60~4.40 美元/kg。

目前，评估存在的主要问题是新技术的流程和模拟模型的不确定性。此外，还有工艺性能的稳定性以及设备维修和更换费用等问题，因此与其他制氢技术的经济性进行直接比较还有一些困难。另外，核热和核电的价格目前也是不确定的，因为还没有建成商业运行的高温气冷堆。尽管如此，NHI 经济分析所得到的 3.60~4.40 美元/kg 的价格是可接受的，因为目前利用碱性电解制氢的价格在 3~4 美元/kg 的范围。当然评估还有很多的不确定性，评估结果的精度为 ±40%，因此还需要做大量的技术研发和进行设计的更新。

2. 安全性

核氢厂既有核设施又生产氢，安全问题至关重要。尽管这项技术还处于发展的前期，但是核氢安全问题必须充分考虑。对未来的核氢系统的安全管理的目标是确保公众健康与安全并保护环境。涉及核反应堆和制氢设施耦合的安全问题有 3 类：

1）制氢厂发生的事故和造成的释放，要考虑可能的化学释放对核设施的系统、结构和部件造成的伤害，包括爆炸形成的冲击波、火灾、化学品腐蚀等，核设施的运行人员也可能面临这些威胁。

2）热交换系统中的事件和失效，核氢耦合的特点就是利用连接反应堆一回路冷却剂和制氢工艺设施的中间热交换器（IHX），热交换器的失效可能为放射性物质的释放提供通道，或者使中间回路的流体进入堆芯。

3）核设施中发生的事件会影响制氢厂，并有可能形成放射性释放的途径。反应堆运行时产生的氚有可能通过热交换器迁移，形成进入制氢厂的途径，包括进入产品氢。

因此，核氢设施的设计要考虑的问题包括核反应堆与制氢厂的安全布置，核反应堆与制氢厂的耦合界面，中间热交换器安全设计，核反应堆与制氢厂的运行匹配，以及氚的风险等，核氢设施的布置如图 11-5 所示。

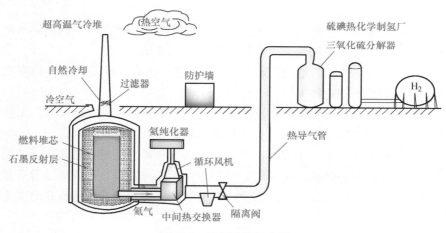

图 11-5　核氢设施的布置

11.1.4　核能制氢的应用前景

1）氢是未来最有希望得到大规模利用的清洁能源，核能是清洁的一次能源，半个多世纪以来已经有了长足的发展，核能制氢是二者的结合，其最终实现商业应用将为氢能经济的到来开辟道路。

2）在核能领域，先进的高温气冷堆的发展为实现核能制氢提供了可能，核能制氢可能采用的工艺，如水蒸气高温电解和热化学循环的研究都已经取得了令人振奋的进展，尽管距离目标的实现还有相当长的路要走，但前景无疑是光明的。

3）中国已经确定了积极发展核电的方针，与此同时，国家对氢能技术的发展也很重视，包括核氢技术在内的氢能技术的发展，已经成为中国的新能源领域的一个热门课题。

4）清华大学核能与新能源技术研究院（INET）于 2000 年成功建成 10MW 高温气冷试验堆 HTR-10。HTR-10 的成功建成和运行，标志着中国在这一代表先进核能技术发展方向的先进堆型的开发上走在世界前列，也为在我国开展核能制氢研究提供了得天独厚的条件，高温气冷堆示范电站的建设已经被列入重大专项，核能制氢技术是专项所设置的研究课题之一，INET 的研究人员已经开始了对制氢工艺的探索，并已完成了对两种制氢工艺的实验验证，重大专项的实施将为在我国发展核能制氢技术提供机会。

11.2 风能制氢技术

风能是指地球表面大量空气流动所产生的动能。全球的风能约为 $2.74 \times 10^9 \mathrm{MW}$，其中可利用的风能为 $2 \times 10^7 \mathrm{MW}$，为地球上可开发利用的水能总量的 10 倍。

中国 10m 高度层的风能资源总储量为 $4.35 \times 10^6 \mathrm{MW}$，其中实际可开发利用的风能资源储量为 $2.5 \times 10^5 \mathrm{MW}$。另外，海上 10m 高度可开发和利用的风能资源量约为 $7.5 \times 10^5 \mathrm{MW}$。全国 10m 高度可开发和利用的风能资源量超过 $1 \times 10^6 \mathrm{MW}$，仅次于美国、俄罗斯，居世界第 3 位。陆上风能资源丰富的地区主要分布在"三北"地区（东北、华北、西北）、东南沿海及附近岛屿。

风电作为可再生能源的主要利用形式，其快速、规模化发展使得电网消纳风电的困难凸显。为使风力发电得到更为广泛的发展，亟待解决两大难题：

1）由于风资源的随机性、间歇性及无规律性，导致风电电能品质差，且高渗透率对电网冲击较大，很多情况下被迫弃风。

2）风电电能存储较难，传统的电化学储能、电磁储能及物理储能技术，无法满足能量大量存储和未来纯绿色能源发展需求，且运行成本较高。

风电通过电解水制氢储能，不仅可以将氢作为清洁和高能的燃料融入现有的燃气供应网络，实现电力到燃气的互补转化，又可以直接高效利用，尤其是在燃料电池等高效清洁技术快速发展的背景下。风电制氢提供燃料电池汽车清洁的氢燃料，将形成真正意义上的绿色能源汽车。

11.2.1 风-氢能源系统（WHHES）的原理及构成

WHHES 的构成如图 11-6 所示，主要包括风力发电机组、电解槽、储氢装置、燃料电池组、电网等。它的主要思路是：风力发电机组发出的电可以分别送至电网和电解槽，根据不同的生产需要来决定是供电还是生产氢气。

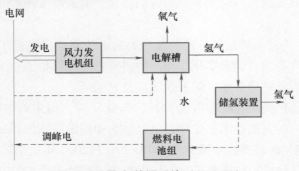

图 11-6　风-氢能源系统（WHHES）

根据 WHHES 与电网的连接情况，可将其分为离网系统和并网系统两类。

离网系统中，风力发电全部或部分用于制氢，一般用于远离电网，且风资源较好的偏远地区，规模较小。它的目的主要是满足局部地区的能源需求，或仅仅为了制取氢气。一般包括小型风力机组（或光伏电池）、电解装置、燃料电池、储氢装置等，有时还有柴油机备用。具体操作时，有风时采用风力机组供电，同时电解水制氢并储存，无风时则利用储存的氢气采用氢燃料电池发电，或者所有的风能全部转化成氢能后外销。

并网风氢耦合发电系统分两种运行方式：

1）风力发电机组首要保证向电网供电。即当风力充足时，将部分电能用于制氢并储存。而当风能不足，风力发电机组不能满足电网需要时，采用燃料电池燃烧氢能，发电供给电网，制氢系统同时承担着调峰的作用。该操作方式相对独立，能够满足小型能源循环系统的应用，但是比较复杂，运行成本和操作成本都比较高。

2）风力发电系统中不包括燃料电池组。电网和电解池互相起到调峰的作用。当系统以供电为主要目的时，电解池起调峰作用；而当系统以电解制氢为主要目的时，电网起调峰作用。这种系统比较简单，但是具有比较强的电网依赖性。

11.2.2　风氢耦合储能系统研究现状

目前，世界上许多国家都非常重视可再生能源耦合制氢技术的发展。其中较为著名的是 2004 年美国能源部 NREL 与 Xcel 能源公司合作提出的 Wind2H2 计划。2010 年以后，英国、德国、意大利、中国等国开展了一系列风电制氢项目。

我国非常重视氢能，出台了一系列政策推动氢能的发展，也有多个氢能项目正式启动。2014 年风氢耦合集成系统关键技术已经成为国家高技术研究发展计划（863 计划）中的一个重要课题。该课题主要研究风氢耦合系统的容量配置、经济性分析以及功率协调控制等关键性技术。2015 年国内第 1 个风电制氢项目——沽源风电制氢项目正式启动。该项目建成后将拥有容量为 200MW 的风电场和 10MW 电解水制氢系统。2019 年 "大规模风/光互补制氢关键技术研究及示范" 项目通过了科技部高技术研究发展中心的审核并正式立项批复，目前已经进入启动阶段，该项目将填补我国兆瓦级风光氢耦合储能示范工程的空白，成为达到世界领先水平的示范工程。

国内外主要风电制氢项目见表 11-2。

表 11-2　2010—2020 年国内外主要风电制氢项目

项目名称	时间	国家	规模
Hydrogen Office 示范工程	2010 年	英国	风电容量：750kW 电解槽容量：30.5kW 电解槽产能：5.3m³/h
Enertrag 示范工程	2011 年	德国	风电容量：6MW 电解槽容量：500kW 电解槽产能：120m³/h
风-氢-柴示范工程	2011 年	加拿大	风电容量：(6×65+3×100)kW 变速风机 电解槽产能容量：90m³/h

（续）

项目名称	时间	国家	规模
RH2 WKA 风氢热电联产示范工程	2012 年	德国	风电容量：140MW 电解槽容量：1000kW 电解槽产能：200m³/h
河北沽源风电制氢项目	2015 年	中国	风电容量：200MW 电解槽容量：10MW 电解槽产能：800m³/h
伐夫郡风氢能源办公楼系统	2017 年	英国	风电容量：750kW 电解槽容量：30kW
INGRID 氢储能项目	2017 年	意大利	储氢量为 1000kg，对应储能达 39MW
榆树风电及制氢综合示范项目	2020 年	中国	风电容量：400MW 电解槽容量：10MW

11.2.3　风氢耦合储能系统关键技术

1. 适应波动性的低成本高效制氢技术

由于风电具有随机性、不稳定性、波动性较大的特点，输入功率需要实时跟随新能源发电出力而大幅度频繁变化，这会导致设备的运行寿命减短及氢气的纯度降低。需要将风电功率与电解槽功率进行匹配，以提高制氢设备的利用率。

碱式电解槽和 PEM 电解槽技术比较成熟，目前应用最广泛。两种技术的优缺点对比见表 11-3。

表 11-3　碱式电解槽和 PEM 电解槽技术优缺点对比

电解槽工艺	优势	劣势
碱式电解槽	易获得、耐用，技术相对成熟，使得成本低廉，适合大规模风电制氢系统	电解槽电流密度和工作压力低，会导致系统效率和气体纯度下降
PEM 电解槽	电流密度、电池效率、氢气纯度和工作压力高，且操作灵活	铂催化剂和氟化膜材料价格昂贵，且由于高压操作和对水纯度的要求，导致系统复杂度高，制氢量少；使用寿命比碱式电解槽短，适合小规模风电制氢系统

因此，研究风电功率波动对制氢质量、效率以及电解槽寿命的影响，探索电源电压及功率大幅波动下，安全、稳定、高效的制氢技术是风氢耦合系统工程推广应用的关键技术之一。

2. 大容量高密度储氢技术

氢气是世界上最轻的物质，其高密度储存是一个世界性难题。目前氢储存方法主要有以下几种：压缩储氢是目前广泛使用的储存方式，经济性较好，对环境污染较小；液化储氢具有很高的能量密度，但成本较高，主要用于航空航天领域；金属氢化物储氢体积密度可高达 100kg/m³ 以上，是所有储氢方式中最高的，但质量比较大，成本也高于压缩储存方式；碳质吸附储氢还处于初期发展阶段。

目前，适应风氢耦合系统的大容量高密度储氢技术主要包括压缩、储存与供氢一体化设计与集成技术，大容积轻质复合高压储氢瓶开发技术，集安防与远程控制一体化的压缩机开发技术；随着金属氧化物储氢技术的成熟与成本的降低，将逐渐应用于风氢耦合发电系统。

3. 风氢耦合控制与智能运行技术

对风氢耦合储能系统的运行控制策略进行优化，可以提高整个系统的利用效率，降低运行成本。风电与燃料电池、电解槽及储氢设备之间功率的不匹配，会导致整个系统的制氢、储氢及发电能力与效率下降，甚至会造成设备损坏导致安全问题。氢能可作为中间负荷，既高效又清洁，还可以平滑风电功率波动，解决弃风消纳的问题。

另外，风氢耦合储能系统合理的技术经济评价，对于技术的改进和发展有着重要意义。选取关于氢能技术经济评价的敏感性指标，综合各方面的效益（包括社会效益、环境效益及经济效益等）和条件对其进行研究和评价。行之有效的技术经济评价体系对风氢耦合储能系统的发展会大有帮助，可有力推动风氢耦合储能系统大规模商业化运行。

11.2.4　风能制氢的应用前景

以 WHHES 为代表的风氢系统，为风电提供了一条非常有效的应用途径，同时提供了一条可行的区域化制氢方案。该系统可以为风力发电提供较为平稳的输出，使风电能够更好地并入电网，提高风力发电在电网中的比重，减少宝贵的化石能源的消耗。同时，该系统可以得到大量纯净的氢气，为工业和能源提供环保绿色的氢气供应。

研究表明，无论是离网系统还是并网系统，风氢系统目前都是不经济的。这方面的主要原因是：电解水装置及相关设备（燃料电池、贮氢罐等）成本高、风力发电的成本高、缺乏相关政策支持等。但随着技术和社会发展的进步，WHHES 必将实现技术经济皆可行，并在未来能源世界中扮演重要角色（图 11-7）。

图 11-7　挪威海上风电制氢项目

11.3 甲酸分解制氢技术

11.3.1 甲酸分解的原理

甲酸，化学式 HCOOH，俗名蚁酸，是最简单的一元有机羧酸。甲酸熔点 8.6℃，沸点 100.8℃，密度 1.22g/cm³；无色具有刺激性气味，有腐蚀性，可与水、乙醇等极性有机溶剂互溶。甲酸的分子量为 46.03，其质量储氢量为 4.4%，体积储氢量为 53gH₂/L。

最初的研究中，甲酸可以通过脱氢和脱水两个主要的反应途径分解：

$$HCOOH(l) \rightarrow H_2(g) + CO_2(g) \tag{11-6}$$
$$\Delta G = -32.9kJ/mol; \Delta H = 31.2kJ/mol; \Delta S = 216J/(mol \cdot K)$$
$$HCOOH(l) \rightarrow H_2O(l) + CO(g) \tag{11-7}$$
$$\Delta G = -12.4kJ/mol; \Delta H = 29.2kJ/mol; \Delta S = 139J/(mol \cdot K)$$

室温脱氢得到 H_2 和 CO_2 的反应在热力学上是有利的，因此甲酸制氢的技术主要是克服动力学的限制，高活性催化剂的开发是甲酸分解制氢技术的关键。另外，室温脱水产生 CO 的反应在热力学上也是可行的，脱水反应不仅降低了氢气的产率，而且对于面向燃料电池的应用而言，CO 容易使燃料电池 Pt 催化剂中毒。因此除了高的催化活性，必须通过催化剂调控反应途径使甲酸主要以脱氢方式而不以脱水方式进行至关重要。

11.3.2 甲酸分解催化剂

高活性、高选择性的催化剂是目前甲酸分解制氢技术的关键和研发难点。催化剂主要分为两种，一种是均相催化剂，一种是非均相催化剂。均相催化剂主要是一些金属配合物，比如钌金属络合物、铱金属络合物。非均相催化剂主要是以贵金属催化剂为主，比如钯基催化剂、金催化剂。两种不同类型催化剂的优劣对比如表 11-4 所示。

表 11-4 两种不同类型催化剂优劣对比

催化剂类型	优势	劣势
均相催化剂	催化剂活性高，结构单一，选择性好，反应生成的 CO 体积分数一般在 0.01% 以下	催化剂是有机化合物，稳定性有待考察，且反应的装置设计比较复杂
非均相催化剂	催化剂稳定性好，容易制备，易于分离，可重复使用和回收	催化剂活性低，选择性复杂，产生氢气的速度较慢

11.3.3 甲酸分解制氢技术的应用前景

在最初的研究中，甲酸一直被定义为转移氢化反应中的氢供体，而不是储氢介质。2008 年，甲酸作为液态有机氢载体的潜在应用研究不断深入。甲酸作为液相储氢介质具有体积容量较高、安全、易输运等优势，特别适合作为与移动或分布式的质子膜燃料电池供氢单元。甲酸作为氢能载体有以下优势：

1) 与甲酸直接燃料电池相比，甲酸作为储氢放氢的载体具有技术优势。甲酸可以直接作为燃料形成直接甲酸燃料电池（DFAFC）。

2）在甲酸脱氢反应选择性较高的情况下，甲酸脱氢主要产生 CO_2 和痕量的 CO，其当量 CO_2 排放量为 $2m^3CO_2/m^3H_2$。然而，甲酸脱氢与 CO_2 加氢生成甲酸可以构成 CO_2 循环利用的有效途径，有利于降低未来氢能技术生命周期的碳排放。

3）虽然甲酸的储氢密度只有 4.4%（质量分数），但甲酸在产氢的同时释放出 CO_2，会显著降低系统的重量。这一特点会使以甲酸供氢的燃料电池车虽然在满填充量运行时能量密度低于储氢方案，但随着甲酸的消耗，在燃料消耗到一定程度时系统的能量密度反而可能高于储氢方案。

虽然近 30 年来甲酸制氢技术得到了长足的发展，但仍有以下关键问题还需要加以解决：

1）持续发展高活性、高稳定性、低成本的新型催化剂。目前成功的均相催化剂成本均较高；非均相催化剂的活性和选择性虽然近年来有了长足的进展，但还与均相催化剂有一定差距，且多以贵金属为活性物质。

2）在实际应用中，甲酸分解产生的混合气体还需要加以分离，除去痕量 CO 和约与氢气等量的 CO_2，而目前的研发工作还很少考虑气体分离对系统的成本和运行带来的影响。

3）系统层面的工程问题研究和优化应得到重视以推进甲酸分解制氢技术的实用化。

11.4　硫化氢分解制氢技术

硫化氢是一种无机化合物，分子式为 H_2S，分子量为 34.076，标准状况下是一种易燃的酸性气体，无色，低浓度时有臭鸡蛋气味，浓度极低时便有硫味，有剧毒。水溶液为氢硫酸，酸性较弱，比碳酸弱，但比硼酸强。能溶于水，易溶于醇类、石油溶剂和原油。

硫化氢为易燃危化品，与空气混合能形成爆炸性混合物，遇明火、高热能引起燃烧爆炸。硫化氢是一种制取氢气的原料。

11.4.1　硫化氢分解反应原理

1. 热力学反应机理

$$H_2S 分解反应：\quad 2H_2S \rightarrow 2H_2 + S_2 \tag{11-8}$$

标准态下反应的焓变换为 $\Delta H = 171.59kJ$；熵变化为 $\Delta S = 0.079kJ/K$；自由能变化为 $\Delta G = 148.3kJ$。从宏观热力学上分析，常温常压下反应是不可能进行的。反应转化率随温度升高而增大。在 1700~1800K 温度范围内，能量消耗最为有利（约为 $2.0kW \cdot h/m^3$），这时硫化氢的转化率为 70%~80%。

2. 动力学反应机理

反应机理的探索是动力学研究的重要组成部分之一。目前，所解释的 H_2S 的分解机理可分为非催化分解和催化分解两大类型。

1）非催化分解机理认为 H_2S 的热分解一般为自由基反应。

$$2H_2S \rightarrow HS^- + H^+ \tag{11-9}$$

$$H^+ + H_2S \rightarrow HS^- + H_2 \tag{11-10}$$

$$2HS^- \rightarrow H_2S+S^- \qquad\qquad (11\text{-}11)$$

$$S^- +S^- \rightarrow S_2 \qquad\qquad (11\text{-}12)$$

2）催化分解机理可表述为：

$$H_2S+M \rightarrow H_2SM \qquad\qquad (11\text{-}13)$$

$$H_2S+M \rightarrow SM+H_2 \qquad\qquad (11\text{-}14)$$

$$SM \rightarrow M+S \qquad\qquad (11\text{-}15)$$

$$2S \rightarrow S_2 \qquad\qquad (11\text{-}16)$$

式中，M 代表催化剂活性中心。

11.4.2　硫化氢分解方法

硫化氢分解方法较多，有热分解法、电化学法，还有以特殊能量分解 H_2S 的方法，如 X 射线、γ 射线、紫外线、电场、光能甚至微波能等，在实验室中均取得较好的效果。

1. 热分解法

（1）直接高温热分解

直接高温热分解是指在无催化剂存在的条件下，通过高温直接将 H_2S 热分解为氢气和硫。纯 H_2S 高温热分解反应时发现，当温度低于 850℃时，H_2S 几乎不发生分解反应；当温度分别为 1000℃和 1200℃时，H_2S 的转化率也分别只有 20%和 38%；当温度超过 1375℃时，H_2S 的转化率才能达到 50%以上。

提高反应温度可以提高 H_2S 的分解率，但是采用常规直接热分解需要供给大量热量，并且在原料气中 H_2S 越稀薄，H_2S 混合气的分解率越高。从能源与经济方面考虑，直接热分解法生产氢气虽然技术上可行，但是经济上受到制约。

（2）超绝热分解

超绝热分解法是在无催化剂和外加热源的情况下，利用多孔介质超绝热燃烧技术实现 H_2S 的分解，热分解所需能量来自 H_2S 的部分氧化，有效解决了分解 H_2S 过程中能耗高的问题。

超绝热燃烧过程应用于硫化氢热分解的价值，在于每 1 个分子的 H_2S 燃烧反应可为 10 个 H_2S 分子的热分解提供足够的能量，使该工艺脱离了外加热源。多孔介质为 H_2S 分解提供了富燃条件，H_2S 的燃烧温度超过了绝热燃烧温度，解决了常规直接热分解中绝热燃烧温度无法满足反应动力学要求的问题。但该技术反应温度很高，因此开发性能优异的多孔材料、降低多孔材料的成本是今后发展超绝热分解硫化氢制氢技术的关键。

（3）催化热分解法

催化热分解法是在热分解过程中加入催化剂进行热分解反应。加入催化剂虽然不能改变反应的热力学平衡，但可降低热分解反应的活化能，使 H_2S 在较低的温度下便可发生分解反应，加快化学反应速率，提高 H_2 收率。硫化氢的分解反应属于氧化还原反应，因此目前研究中常用的催化剂为 Fe、Al、V、Mo 等过渡金属的氧化物或硫化物。研究表明，以机械混合的超细粒子 $\alpha\text{-}Fe_2O_3$ 和 $\gamma\text{-}Al_2O_3$ 为催化剂先驱物硫化制得的催化剂 H_2S 分解反应性能最佳，反应温度为 300℃时，其氢气收率可超过 10%。

2. 电化学法

在电解槽中发生如下反应产生氢气和硫：

阳极：$$S^{2-} \rightarrow S + 2e^-$$ (11-17)

阴极：$$2H^+ + 2e^- \rightarrow H_2$$ (11-18)

电化学分解法是在电解槽中利用电化学的方法直接或间接电解硫化氢，从而得到 S 和 H_2。直接电解法沉积在阳极表面的硫导致电极钝化，当前的研究主要集中在间接电解 H_2S 的工艺上。间接电解法是利用中间循环剂以氧化还原反应和电解反应构成的双反应工艺，中间循环剂的研究经历了一个长期的过程，其中以 Fe^{3+}/Fe^{2+} 的研究较为成功，其工艺为硫化氢在氧化反应器中被 Fe^{3+} 氧化生成硫，同时 Fe^{3+} 也被还原为 Fe^{2+}。分离硫后，H^+ 和 Fe^{2+} 送往电解反应器，在阳极 Fe^{2+} 被氧化为 Fe^{3+}，而后送回氧化反应器循环使用。H^+ 穿过离子交换膜进入阴极，被还原为 H_2 后释放出来。

3. 电场法

电场作为一种能量形式，可直接用来分解 H_2S。H_2S 的分解转化率随电压升高而增大，若在反应中加入 He、Ar、N_2 等惰性气体，这种增大趋势更为明显，但随着温度上升，转化率减小。

电场法对于处理含 H_2S 低的气体具有较好的效果，但能耗也相对较大。

4. 微波法

直接将 H_2S 置于微波场中，在微波的作用下将 H_2S 分解为 H_2 和 S。H_2S 分解率与微波功率、微波作用时间及原料气组成有关。实验条件下 H_2S 分解转化率可达 84%。

5. 光化学催化法

利用太阳能在光催化体系中可光解 H_2S 生成 H_2 和 S。光催化分解硫化氢的催化剂多为具有非连续能级的半导体材料。

目前研究的光催化剂比较成熟的有：TiO_2、CdS、ZnS、CuS 等胶体半导体。该方法可利用廉价而丰富的太阳能，不仅可实现太阳能的转化利用，而且可降低生产成本，具有较高的研究价值和应用前景。

6. 等离子体法

等离子体是指处于电离状态的气态物质，其带正负电荷的粒子数相等，是除去固态、液态和气态物质存在的第四态。等离子体的作用力为库仑力，使其与普通气体性质有所差别，当等离子体中的带电粒子运动时，会产生电场、磁场，并伴随极强的热辐射和热传导。根据其各种性质，使它成为一种很好的导体，在反应中也可用作反应介质，还能利用其获得高热能源实现一系列的化学反应。

目前，等离子体化学与化工的研究多处于实验室阶段，离工业化尚有很大差距。

11.4.3　硫化氢分解方法的主要研究方向

目前 H_2S 分解制氢的研究工作主要集中在以下几个方面。

1. 不同的能量替代方式

在普通加热条件下，H_2S 分解反应速率较慢，转化率低，多用于研究反应特性。而太阳能、电场能、微波能的引入则大大改变了反应状况。尤其是微波能的利用，微波能直接作用于 H_2S 分子，能量利用率高，取得了较好的效果。此外，电子束、光能及各种射线等形式能量的应用研究亦取得了一定进展。

2. 提高反应速率

提高反应速率一般采用改变反应条件（如温度、压力）或加入催化剂。目前，所用的催化剂分为几大类：①金属类，如 Ni；②金属硫化物，如 FeS，CoS，NiS，MoS_2，V_2S_3，WS；③复合的金属硫化物，如 Ni-Mo 的硫化物，Co-Mo 的硫化物等。在这些催化剂中，以 Al_2O_3 作载体的 Ni-Mo 硫化物及 Co-Mo 硫化物的催化性能较好。

3. 反应产物的分离

H_2S 分解是一个可逆反应，转化率通常不高，需要及时将产品从混合物中提出，以提高反应速率。

将反应产物骤冷，可较容易地分离出固体硫，而 H_2/H_2S 混合气的分离可采用膜分离法，所用选择性膜包括 SiO_2 膜、金属合金膜、微孔玻璃膜等。

4. 反应机理

对 H_2S 在催化及非催化条件下的热分解的反应机理已有了较为一致的看法。对微波分解 H_2S 的作用机理，国内外尚处于摸索阶段。

11.5 金属制氢技术

11.5.1 什么金属能制氢

近年来，活性金属与水或水溶液的一些化学反应在氢能领域受到很大的关注。在这些反应中，利用氢源与 H_2O、盐水、碱水等，与金属反应生成氢，目前该制氢方法适用于特定的条件，离工业化有很大的差距。

金属中钾、钙、钠可以与水剧烈反应，镁与水反应不剧烈，铝可以与热水反应，锌、铁、锡、铅反应活性依次减弱。目前，人们主要选定镁、铝、锌和铁作为制氢的金属。铝水解时，产氢量高达 1245ml H_2/g Al，镁 951ml H_2/g Mg，锌 345ml H_2/g Zn，铁 356ml H_2/g Fe。

11.5.2 铝制氢

1. 铝制氢反应机理

金属 Al 与 H_2O 反应方程式为：

$$2Al+6H_2O \rightarrow 2Al(OH)_3+3H_2 \tag{11-19}$$

$$2Al+4H_2O \rightarrow 2AlO(OH)_3+3H_2 \tag{11-20}$$

$$2Al+3H_2O \rightarrow Al_2O_3+3H_2 \tag{11-21}$$

在温和温度下，Al/H_2O 反应制氢的关键在于如何除去表明的氧化膜，并抑制氧化膜的再生，从而加快反应的进行。

2. Al/H_2O 反应制氢方法

（1）用碱作为促进剂

采用碱（主要是 NaOH）作为 Al/H_2O 反应的促进剂是一种最简单的常用方法。在碱性介质中，Al/H$_2$O 反应本质上为电化学腐蚀过程。NaOH 在 Al/H$_2$O 反应中具有双重作用：一是破坏 Al 表面的固有氧化膜（Al$_2$O$_3$）；二是阻止 Al 表面二次钝化膜［Al(OH)$_3$］的再生。

除采用 NaOH 作为 Al/H$_2$O 反应制氢的促进剂外，KOH 与 NaOH 几乎具有相同的作用，但在空气中反应时，KOH 易与 CO$_2$ 反应生成 KHCO$_3$，从而降低了 H$_2$ 的产生速率；同时，KOH 溶液的温度和浓度对氢气的产生具有协同作用，NaOH、KOH、Ca(OH)$_2$ 三种碱性条件下的对比实验发现，NaOH 溶液中 Al/H$_2$O 反应的速率最快。

（2）用氧化物作为促进剂

采用氧化物作为 Al/H$_2$O 反应的促进剂通常是用机械球磨法活化 Al 表面，从而使 Al 在温和温度及中性环境下与 H$_2$O 反应。所用氧化物包括 γ-Al$_2$O$_3$、α-Al$_2$O$_3$、TiO$_2$、ZrO$_2$、MoO$_3$、CuO、Bi$_2$O$_3$ 和 MgO 等，这种方法也称为"改性"，具体过程为：将 Al 粉与金属氧化物粉末球磨混匀，然后真空烧结，其后再进行球磨。当用 γ-Al$_2$O$_3$ 制备改性 Al 粉时，Al 在室温下即可与 H$_2$O 反应产生 H$_2$。

采用氧化物改性可使 Al 在中性条件下与 H$_2$O 反应，但反应需要较高的启动温度才能有较快的反应动力学，同时，大量氧化物的添加降低了系统的储氢密度，而且改性 Al 粉的制备工艺较复杂。

（3）用盐作为促进剂

为了减少碱对制氢设备的影响，除了采用氧化物作为 Al/H$_2$O 反应的促进剂外，多种中性无机盐如 NaCl 和 KCl 等也可作为 Al/H$_2$O 反应的促进剂。

（4）Al 合金化

通过 Al 与其他金属的合金化可以有效抑制 Al 表面氧化膜的生成，促进 Al/H$_2$O 反应制氢。Al 合金化所采用的工艺主要是熔炼和机械球磨，而所采用的元素主要是低熔点金属，如 Ga、In、Sn、Bi、Sr 等。

合金化可以有效地抑制 Al 表面氧化物的生成，使 Al/H$_2$O 反应可在中性条件下进行，但含活泼金属的 Al 合金的存储变得困难，只能在低温下储存，且所用的合金化元素一般价格昂贵，提高了制氢成本。

11.5.3　镁制氢

与 Al 一样，Mg 也是一种活泼金属。Mg 粉也常被用作 NaOH 或 KCl 溶液中金属制氢的原材料。事实上，Mg/H$_2$O 反应制氢可看成一个原电池反应，其反应如下：

$$2H_2O + 2e^- \rightarrow H_2 + 2OH^- \tag{11-22}$$

$$2H^+ + 2e^- \rightarrow H_2 \tag{11-23}$$

$$Mg \rightarrow Mg^{2+} + 2e^- \tag{11-24}$$

11.5.4　锌制氢

在全世界，Zn 的产量仅排在 Fe、Al、Cu 之后，且 Zn 的储量也比较丰富，故用 Zn 作为制氢原料也受到广泛关注。Zn/H$_2$O 反应制氢的原理很简单，即在 350℃温度下，Zn 粉与 H$_2$O 发生置换反应生成 H$_2$。采用 Zn/H$_2$O 反应制氢存在的主要问题主要有两个：一是反应温度高；二是 Zn 原料生产的能耗较高，且伴有燃烧化石燃料产生的污染，因为规模化 Zn 生产主要采用电解或者熔炼的技术。因此，Zn/H₂O 反应制氢的研究方向主要有降低制氢反应温度和降低 Zn 生产提取的能耗两个方向。与 Al/H₂O、Mg/H₂O 反应制氢相比，Zn/H₂O 反应制氢的温度要高得多，能耗也大很多，目前的实用性和经济性还较差。

11.5.5　铁制氢

20 世纪初，人们就开始研究水蒸气与铁反应制氢过程。该流程分成制氢部分和还原气体再生部分。其化学反应如下：

$$H_2O+2FeO \rightarrow Fe_2O_3+H_2 \tag{11-25}$$

$$Fe_2O_3+CO \rightarrow 2FeO+CO_2 \tag{11-26}$$

化学反应方程式为制氢过程，在 800℃ 条件下 FeO 与水发生反应放出氢气，引入 FeO-Fe₂O₃ 材料体系来作为中间媒介反应物。

11.5.6　金属制氢技术展望

在相对温和条件下利用活性金属与 H₂O 反应制氢受到人们越来越多的重视。该方式是否可行，首先要考虑金属的活性顺序，目前主要是 Mg、Al、Zn、Fe 等金属。在实用性方面，金属制氢是否可行还要考虑原料制备、储存、副产物、使用环境、能耗、成本、安全性、环境效应，特别是产生率和产生速率等诸多方面问题。若只是少量用氢，最方便的方法其实就是用金属与稀盐酸或稀硫酸等反应制取。

从反应条件、制氢量及产氢速率、原料来源及催化剂等方面考虑，Al/H₂O 体系无疑是最有前途的制氢体系。

11.6　太阳能制氢技术

太阳能制氢是近 30~40 年才发展起来的。目前利用太阳能分解水制氢的方法有太阳能热分解水制氢、太阳光电电解水制氢、太阳光催化分解水制氢、太阳能生物制氢等。

11.6.1　光热分解水制氢

太阳能直接热分解水制氢是最简单的方法，就是利用太阳能聚光器收集太阳能直接加热水，使其达到 2500K（3000K 以上）以上的温度，从而使水分解为氢气和氧气的过程。这种方法的主要问题是：

1）高温下氢气和氧气的分离。

2）高温太阳能反应器的材料问题。

如果在水中加入催化剂，使水的分解过程按多步进行，就可以大大降低加热的温度。由于催化剂可以反复使用，因此这种制氢方法又叫热化学循环法。而通过热化学循环过程，可以在 1000K 的温度下分解水，总的效率可达 50%。为了适应未来大规模工业制氢的需要，科学家们正在研究催化剂对环境的影响、新的耐腐蚀材料，以及氧和重水等副产品的综合利用等课题。

11.6.2　光电电解水制氢

典型的光电化学分解太阳池由光阳极和阴极构成。光阳极通常为光半导体材料，受光激发可以产生电子空穴对，光阳极和对极（阴极）组成光电化学池，在电解质存在下光阳极吸光后在半导体带上产生的电子通过外电路流向阴极，水中的氢离子从阴极上接受电子产生氢气。

11.6.3　光催化法分解水制氢

半导体 TiO_2 及过渡金属氧化物、层状金属化合物，如 $K_4Nb_6O_{17}$、$K_2La_2TiO_{10}$、$Sr_2Ta_2O_7$ 等，以及能利用可见光的催化材料，如 CdS、Cu-ZnS 等，都能在一定的光照条件下，催化分解水，从而产生氢气。然而到目前为止，利用催化剂光解水的效率还很低。

太阳光催化分解水制氢技术的原理类似于太阳光电分解水制氢，但不同的是光阳极和阴极并没有像光电分解水制氢一样被隔开，而是阳极和阴极在同一粒子上，H_2O 分解成 H_2 和 O_2 的反应同时发生。太阳光催化分解水的反应相比光电分解水，反应大大简化，但抑制光催化逆反应是推动光催化分解水制氢技术的关键。

11.6.4　生物制氢

江河湖海中的某些在藻类、细菌，能够像一个生物反应器一样，在太阳光的照射下用水做原料，连续地释放出氢气。生物制氢的物理机制是某些生物（光和生物和发酵细菌）中存在与制氢有关的酶，其中主要的是固氮酶和氢酶。生物制氢技术具有清洁、节能和不消耗矿物资源等突出优点。作为一种可再生资源，生物体又能自身复制、繁殖，可以通过光合作用进行物质和能量转换，同时这种转换可以在常温、常压下通过酶的催化作用得到氢气。能够产生氢的光合生物包括光合细菌和藻类。目前研究较多的光合细菌是深红螺菌、红假单胞菌等原核生物。许多藻类（如绿藻、红藻）是能够进行光合产氢的微生物，H_2 代谢主要由氢酶进行。

光合生物制氢中最关键的是要有充分的太阳光照。因此，涉及合理设计生物制氢反应器中的聚光系统和光提取器。生物制氢的前景很好，当前需要进一步弄清这类微生物制氢的物理、化学机理，并培育出高效的制氢微生物，才有可能使太阳能生物制氢成为一项实用化的技术。

11.6.5　太阳能制氢技术展望

2021 年，中国石化开建我国首个万吨级光伏绿氢示范项目——中国石化新疆库车绿氢示范项目（图 11-8）。这是全球在建的最大光伏绿氢生产项目，投产后年产绿氢可达 2 万吨。该示范项目是国内首次规模化利用光伏发电直接制氢的项目，总投资近 30 亿元，主要包括光伏发电、输变电、电解水制氢、储氢、输氢五大部分。预计 2023 年 6 月建成投产，生产的绿氢将供应中国石化塔河炼化公司，替代现有的天然气制氢，预计每年可减少二氧化碳排放 48.5 万吨。

目前，利用太阳能制氢的研究热点是光催化分解水制氢。然而，大多数光催化剂仅能吸收占太阳能3%的紫外光，普遍存在光电转化效率低、对可见光的利用率低，以及催化剂的成本高等缺点。大多数光解水的过程只是部分地利用了太阳的光能（紫外线激发核外电子跃迁，进而产生光电子）而没有利用它的热能。因此，人们在热衷于光化学领域探索的同时，也应该充分利用早期的热化学的研究成果，力争使二者达到完美的结合，开发出高效、廉价地利用太阳能的新途径。

图 11-8 太阳能光伏系统

思 考 题

1. 简述核能制氢技术的主要工艺？其各自优缺点是什么？
2. 核能制氢技术的安全性问题有哪几类？
3. 风能制氢技术广泛发展的制约因素有哪些？
4. 未来发展风氢耦合储能系统研究的关键技术有哪些？
5. 甲酸制氢技术的主要反应方程式是什么？甲酸制氢技术推广的制约因素有哪些？
6. 硫化氢分解制氢技术的方法有哪些？该技术未来研究的方向有哪些？
7. 什么金属能制氢？铝制氢技术有哪几种？各自的技术特点是什么？
8. 太阳能制氢技术有哪些？各自的技术特点是什么？
9. 除了本书中介绍的可再生能源制氢技术，还有哪些可再生能源制氢技术？其技术推广的制约因素有哪些？

参 考 文 献

[1] 毛宗强，毛志明，余皓. 制氢工艺与技术 [M]. 北京：化学工业出版社，2018.
[2] 张平，于波，徐景明. 核能制氢技术的发展 [J]. 核化学与放射化学，2011 (4)：193-204.
[3] 刘秉涛. 中国的风能资源与风力发电 [C].//中国风电生产经营管理 (2013)，2013：45-53.
[4] 方圆. 风-氢互补系统混合储能容量配置的经济性优化研究 [D]. 乌鲁木齐：新疆大学，2019.
[5] 孙鹤旭，李争，陈爱兵，等. 风电制氢技术现状及发展趋势 [J]. 电工技术学报，2019 (19)：4071-4083.

［6］何青，沈轶. 风氢耦合储能系统技术发展现状［J］. 热力发电，2021，50（8）：9-17.

［7］刘嘉豪，韩静杰，易小艺，等. 甲酸分解制氢均相催化剂的研究进展［J］. 有机化学，2020（40）：2658-2668.

［8］王彤，薛伟，王延吉. 甲酸液相分解制氢非均相催化剂研究进展［J］. 高校化学工程学报，2019，33（1）：1-9.

［9］张婧，张铁，孙峰，等. 硫化氢直接分解制取氢气和硫研究进展［J］. 化工进展，2017，36（4）：1448-1459.

［10］杨宇静. 硫化氢制氢工艺研究［D］. 昆明：昆明理工大学，2013.